绿色食品申报指南

植保卷

中国农业大学　　中国绿色食品发展中心　编

U0306895

中国农业科学技术出版社

图书在版编目（CIP）数据

绿色食品申报指南. 植保卷 / 中国农业大学，中国绿色食品发展中心编著. --北京：中国农业科学技术出版社，2021.9

ISBN 978-7-5116-5449-6

Ⅰ.①绿… Ⅱ.①中… ②中… Ⅲ.①绿色食品—申请—中国—指南 Ⅳ.①TS2-62

中国版本图书馆 CIP 数据核字（2021）第 159787 号

责任编辑 史咏竹
责任校对 贾海霞
责任印制 姜义伟 王思文

出 版 者 中国农业科学技术出版社
北京市中关村南大街12号 邮编：100081
电 话 （010）82105169（编辑室）（010）82109702（发行部）
（010）82109709（读者服务部）
传 真 （010）82105169
网 址 http:// www.castp.cn
经 销 者 各地新华书店
印 刷 者 北京地大彩印有限公司
开 本 148 mm×210 mm 1/32
印 张 7.75
字 数 201千字
版 次 2021年9月第1版 2021年9月第1次印刷
定 价 58.00元

《绿色食品申报指南·植保卷》
编写人员

主　　编　杜相革　李显军　陈　倩　闫　硕

副主编　张　侨　杜　韵　赵建坤　王宗英　董　民
　　　　　张逸先　徐淑波

编写人员（排名不分先后）
　　　　　严冰珍　张一卫　呼　倩　乔春楠　盖文婷
　　　　　陈红彬　王雪薇　杨　震　宋　铮　王　晶

序

　　良好的生态环境、安全优质的食品是人们对美好生活的追求和向往。为保护我国生态环境，提高农产品质量，促进食品工业发展，增进人民身体健康，农业部①于20世纪90年代推出了以"安全、优质、环保、可持续发展"为核心发展理念的"绿色食品"。经过近30年的发展，绿色食品事业发展取得显著成效，创建了一套特色鲜明的农产品质量安全管理制度，打造了一个安全优质的农产品精品品牌，创立了一个蓬勃发展的新兴朝阳产业。截至2020年年底，全国有效使用绿色食品标志的企业总数已达19 321家，产品总数42 739个。发展绿色食品为提升我国农产品质量安全水平，推动农业标准化生产，增加绿色优质农产品供给，促进农业增效、农民增收发挥了积极作用。

　　绿色食品发展契合我国新时代生态文明建设、乡村产业振兴、农业绿色发展、质量兴农、品牌强农等战略部署和要求，日益受到各级地方政府部门、生产企业、农业从业者和消费者的广泛关注和高度认可。越来越多的生产者希望生产绿色食品、供应绿色食品，越来越多的消费者希望了解绿色食品、吃上绿色食品。

　　为了让各级政府和农业农村主管部门、广大生产企业与从业人员、消费者系统了解绿色食品发展概况、生产技术与管理要求、申报流程和制度规范，2019年开始中国绿色食品发展中心组织专家着

---

　　① 中华人民共和国农业部，全书简称农业部。2018年3月，国务院机构改革将农业部职责整合，组建中华人民共和国农业农村部，简称农业农村部。

手编制《绿色食品申报指南》系列丛书，先期已编写出版稻米、茶叶、水果、蔬菜四类产品分卷，2021年完成了植保卷的编写。丛书从指导绿色食品生产和申报的角度，将《绿色食品标志管理办法》《绿色食品标志许可审查程序》《绿色食品标志许可审查工作规范》《绿色食品现场检查工作规范》以及绿色食品相关制度、标准和规范中晦涩难懂的条文充分融合提炼，以通俗易懂的文字、图文并茂的形式展现给读者，力求体现科学性、实操性和指导性。植保卷以我国农药登记管理和使用规范为依据，以《绿色食品　农药使用准则》标准为基础，全面解读了绿色食品有害生物防治的原则和方法，对每一种绿色食品允许使用农药的毒性、作用机理、登记作物、防治对象、防治特点、使用禁忌等进行了详细说明，同时对化学农药减量化物质和技术给出了可行方案，对绿色食品生产中的有害生物防治具有重要指导意义。

本套丛书对申请使用绿色食品标志的企业和从业者有较强的指导性，可作为绿色食品企业、绿色食品内检员和农业生产从业者的培训教材和工具书，绿色食品工作人员的工作指导书，也可为关注绿色食品事业发展的各级政府有关部门、农业农村主管部门工作人员和广大消费者提供参考。

中国绿色食品发展中心主任　张华荣

目　录

第一章

绿色食品概述

一、绿色食品概念

（一）绿色食品产生的背景

良好的生态环境、安全优质的食品是人们对美好生活追求的重要内容，是人类社会文明进步的重要体现，国际社会历来关注和重视环境保护和食品安全问题。20世纪80年代末、90年代初，随着我国经济发展和人们生活水平的提高，人们对食品的需求从简单的"吃得饱"向"吃得好""吃得安全""吃得健康"的更高层次转变，同时农业发展开始实现战略转型，向高产、优质、高效方向发展，农业生产和生态环境和谐发展日益受到关注。根据这种形势，农业部农垦部门在研究制订全国农垦经济社会"八五"发展规划时，根据农垦系统得天独厚的生态环境、规模化集约化的组织管理和生产技术等优势，借鉴国际有机农业生产管理理念和模式，提出在中国开发绿色食品。

开发绿色食品的战略构想得到农业部领导的充分肯定和高度重视。1991年，农业部向国务院呈报了《关于开发"绿色食品"的情况和几个问题的请示》。国务院对此作出重要批复（图1-1），明确指出"开发绿色食品对保护生态环境，提高农产品质量，促进食品工业发展，增进人民健康，增加农产品出口创汇，都具有现实意义和深远影响。要采取措施，坚持不懈地抓好这项开创性工作，各有关部门要给予大力支持"。

图1-1　国务院关于开发"绿色食品"有关问题的批复文件

1992年，农业部成立绿色食品办公室，并在国家有关部门的支持下组建了中国绿色食品发展中心，组织开展全国绿色食品开发和管理工作。从此，我国绿色食品事业步入了规范有序、持续发展的轨道。

（二）绿色食品概念、特征和发展理念

绿色食品并不是"绿颜色"的食品，而是对"无污染"食品的一种形象的表述。绿色象征生命和活力，食品维系人类生命，自然资源和生态环境是农业生产的根基，农业是食品的重要来源，由于与生命、资源和环境相关的食物通常冠之以"绿色"，将食品冠以

"绿色"，"绿色食品"概念由此产生，突出强调这类食品出自良好的生态环境，并能给人们带来旺盛的生命活力。所以最初绿色食品特指无污染的安全、优质、营养类食品。随着绿色食品事业发展的不断壮大，制度规范不断健全，标准体系不断完善，其概念和内涵也不断丰富和深化。《绿色食品标志管理办法》规定，绿色食品指产自优良生态环境、按照绿色食品标准生产、实行全程质量控制并获得绿色食品标志使用权的安全、优质食用农产品及相关产品。

绿色食品的概念充分体现了绿色食品的"从土地到餐桌"全程质量控制的基本要求和安全优质的本质特征。按照"从土地到餐桌"全程质量控制的技术路线，绿色食品创建了"环境有监测、生产有控制、产品有检验、包装有标识、证后有监管"的标准化生产模式，并建立了完善的绿色食品标准体系。农业部发布的现行有效绿色食品标准共140项，涵盖产地环境、生产技术、产品质量和包装贮运4部分标准，突出体现绿色食品促进农业可持续发展、提供安全优质营养食品、提升产业发展水平和促进农民增产增效的发展理念。

（三）绿色食品标志

1990年，绿色食品事业创建之初，开拓者们认为绿色食品应该有区别于普通食品的特殊标识，因此根据绿色食品的发展理念构思设计出了绿色食品标志图形（图1-2）。该图形由3部分构成，上方的太阳、下方的叶片和中心的蓓蕾，象征自然生态；颜色为绿色，象征着生命、农业、环保；图形为正圆形，

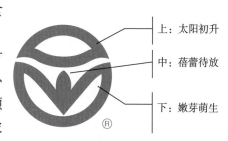

上：太阳初升

中：蓓蕾待放

下：嫩芽萌生

图1-2　绿色食品标志

意为保护。绿色食品标志图形描绘了一幅明媚阳光照耀下的和谐生机，意欲告诉人们，绿色食品正是出自优良生态环境的安全、优质食品，同时还提醒人们要保护环境，通过改善人与自然的关系，创造自然界新的和谐。

1991年，绿色食品标志经国家工商总局核准注册[①]，1996年又成功注册成为我国首例质量证明商标，受法律保护。《中华人民共和国商标法》明确规定，经商标局核准注册的商标为注册商标，包括商品商标、服务商标、集体商标和证明商标；商标注册人享有商标专用权，受法律保护。中国绿色食品发展中心是绿色食品证明商标的注册人。根据《绿色食品标志管理办法》，中国绿色食品发展中心负责全国绿色食品标志使用申请的审查、颁证和颁证后跟踪检查工作。

普通商标与证明商标的区别

（1）证明商标，注册人必须有检测、监督能力，其他自然人、企业或组织不能注册；普通商标注册人无此要求。

（2）申请证明商标，还要审查公信力、检测监督能力和《证明商标使用管理规则》；普通商标申请人真实合法就可以。

（3）证明商标注册人自身不能使用该商标。

（4）普通商标能不能用，注册人说了算；证明商标使用条件明确公开，达标就能申请使用。

证明商标是指由对某种商品或者服务具有监督能力的组织所控制，而由该组织以外的单位或者个人使用于其商品或者服务，用以证明该商品或者服务的原产地、原料、制造方法、质量或者其他特

[①] 中华人民共和国国家工商行政管理总局，全书简称国家工商总局。2018 年 3 月，国务院机构改革将其商标管理职责整合，组建中华人民共和国国家知识产权局商标局。

定品质的标志。

目前，中国绿色食品发展中心在国家知识产权局商标局注册的绿色食品图形、文字和英文以及组合等10种形式（图1-3），包括标准字体、字形和图形用标准色都不能随意修改。同时，绿色食品商标已在美国、俄罗斯、法国、澳大利亚、日本、韩国、中国香港等11个国家和地区成功注册。

图 1-3　绿色食品标志形式

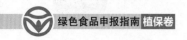

二、绿色食品发展成效

经过30年的发展，我国绿色食品从概念到产品，从产品到产业，从产业到品牌，从局部发展到全国推进，从国内走向国际。总量规模持续扩大，品牌影响力持续提升，产业经济、社会和生态效益日益显现，成为我国安全优质农产品的精品品牌，为推动农业标准化生产、提高农产品质量水平，促进农业提质增效、农民增收脱贫，保护农业生态环境、推进农业绿色发展等发挥了积极示范引领作用。

（一）创立了一个新兴产业

绿色食品建立了以品牌为引领，基地建设、产品生产、市场流通为链接的产业发展体系，产业发展初具规模，水平不断提高。

截至2020年年底，全国有效使用绿色食品标志的企业总数已达19 321家，产品总数已达42 739个。获证主体包括6 208家地市县级以上龙头企业和5 900多家农民专业合作组织。产品涵盖农林及加工产品、畜禽类产品和水产类产品等五大类57小类1 000多个品种产品。全国共建成绿色食品原料标准化生产基地742个，种植面积1.71亿亩[①]，涉及水稻、玉米、大豆、小麦等百余种地区优势农产品和特色产品，共带动2 247多万农户发展。

绿色食品产地环境监测的农田、果园、茶园、草原、林地和水域面积为1.56亿亩。

绿色食品发展总量和产品结构情况如图1-4和图1-5所示。

（二）保护了生态环境，促进了农业可持续发展

绿色食品生产要求选择生态环境良好、无污染的地区，远离工矿区和公路、铁路干线，避开污染源；在绿色食品和常规生产区域

---

① 1亩≈667米²，全书同。

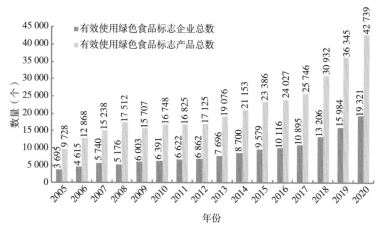

图1-4 2005—2020年有效使用绿色食品标志的企业总数和产品总数

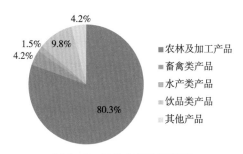

图1-5 绿色食品产品结构

之间设置有效的缓冲带或物理屏障,以防绿色食品生产基地受到污染;建立生物栖息地,保护基因多样性、物种多样性和生态系统多样性,以维持生态平衡;要保证基地具有可持续生产能力,不对环境或周边其他生物产生污染。根据2020年中国农业大学张福锁院士团队"绿色食品生态环境效应、经济效益和社会效应评价"课题研究,其生态环境效益主要体现在以下三个方面。

1. 减肥减药成效显著，3 类作物呈增产效应

绿色食品生产模式化学氮肥投入量减少39%、化学磷肥投入量减少22%、化学钾肥投入量减少8%，近10年累计减少化学氮肥投入1 458万吨；农药使用强度降低60%，近10年累计减少农药投入54.2万吨。与常规种植模式相比，绿色食品生产模式作物产量平均提高11%，其中粮食、蔬菜类及经济作物单产分别增加12%、32%、13%。

2. 有效提高耕地质量、促进土壤健康

土壤有机质、全氮、有效磷和速效钾含量分别提高17.6%、14.1%、38.5%和27.1%。种植绿色食品10年后，土壤有机质、全氮、有效磷和速效钾分别增加31%、4.9%、42%和32%。

3. 减排效果显著，大幅提升生态系统服务价值。

近10年，氨挥发累计减排98.42万吨，硝酸盐（NO_3^-）淋洗减少61.98万吨，一氧化二氮（N_2O）减排4.29万吨，温室气体减排5 558万吨。2009—2018年，绿色食品生产模式累计创造生态系统服务价值32 059亿元。

（三）构建了具有国际先进水平的标准体系

经过30年的探索和实践，绿色食品从安全、优质和可持续发展的基本理念出发，立足打造精品，满足高端市场需求，创建并落实"从土地到餐桌"的全程质量管理模式，建立了一套定位准确、结构合理、特色鲜明的标准体系，包括产地环境质量标准、生产过程标准、产品质量标准、包装与贮运标准4个组成部分，涵盖了绿色食品产业链中各个环节标准化要求。绿色食品标准质量安全要求达到国际先进水平，一些安全指标甚至超过欧盟、美国、日本等发达国家与地区水平。目前农业农村部累计发布绿色食品标准297项，现行有效标准140项。绿色食品标准体系为指导和规范绿色食品的生产行为、质量技术检测、标志许可审查和证后监督管理提供了依据和准绳，为绿色食品事业持续健康发展提供了重要技术支撑。同时也为不断提升我国农业生产和食品加工水平树立了"标杆"。

（四）促进了农业生产方式转变，带动了农业增效、农民增收

绿色食品申请人需能独立承担民事责任，具有稳定的生产基地，因此，发展绿色食品需将一家一户的农业生产集中组织起来，组成企业组织模式或合作社模式。绿色食品促进了粗放型、散户型、人力化农业生产向规范化、集约化和智能机械化生产转变，不仅保证了农产品的质量，保护生态环境，还带动了农业增效、农民增收。张福锁院士的调查研究显示，70%以上的绿色食品企业管理者认为发展绿色食品有利于其产品、价格、渠道和促销升级，企业年产值增加50.3%，农户收入增加43%，企业通过发展绿色食品，实现了产品质量不断提升，经济效益稳步增加的"双赢"局面。在产业扶贫工作中，绿色食品也发挥了重要作用，2016—2020年绿色食品累计支持国家级贫困县及新疆①、西藏②等地区的5 154个企业发展了11 351个绿色食品产品。根据对河北、吉林、河南、湖南、贵州、云南、西藏、甘肃8省（区）调研数据，发展绿色食品带动贫困地区近56万个贫困户脱贫，年收入户均增加约7 000多元。

三、绿色食品市场发展

市场是绿色食品发展的根本动力，是实现绿色食品品牌价值的基本平台。多年来，绿色食品面向国际与国内两个市场，加强品牌的深度宣传，加大市场服务力度，搭建多渠道营销体系，不断提升

---

① 新疆维吾尔自治区，全书简称新疆。
② 西藏自治区，全书简称西藏。

品牌的认知度和公信度，提升品牌的竞争力和影响力，使绿色食品始终保持"以品牌引领消费、以消费拓展市场、以市场拉动生产"持续健康发展的局面。

（一）绿色食品消费调查分析

经过多年发展，绿色食品已得到公众的普遍认可，消费者对绿色食品品牌的认知度已超过80%，绿色食品已成为我国最具知名度和影响力的品牌之一，满足了人们对安全、优质、营养类食品的需求。

华商传媒研究所2015对来自全国15个副省级以上城市和4个直辖市的6 000名消费者问卷调查进行分析，结果显示，2014年有87.77%的人"购买过"绿色食品，选择"没有购买过"的仅占4.33%。另外，还有7.90%的人表示不清楚（图1-6）。

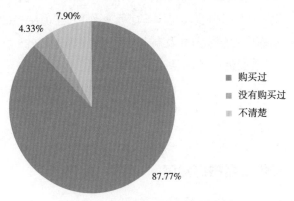

图 1-6　绿色食品购买情况调查

在对消费者购买绿色食品主要基于哪些方面考虑的调查中，受访者认为"无污染，对健康有利"是其选择绿色食品的主要原因，占81.85%；基于"担心市面上的食品不安全"考虑的受访者占58.15%；选择"主要是买给孩子吃"和"营养价值高"的比例接近，分别为33.18%和32.98%（图1-7）。

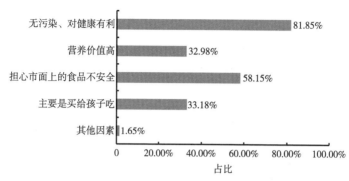

图1-7　绿色食品选择原因调查

调查结果显示，"过去一年居民家里购买绿色食品的频率"在"10次以上/年"的受访者占40.88%；23.85%的受访者选择"3~5次/年"；"从未购买过"的比例在3.82%（图1-8）。

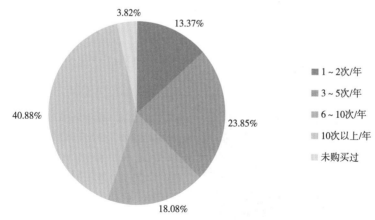

图1-8　绿色食品购买频率调查

调查结果显示,在"居民所在城市的绿色食品专营店数量"一题中,60.61%的受访者选择"大型超市有专柜";16.92%的受访者表示"未关注过"(图1-9)。

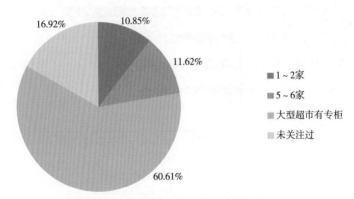

图1-9 绿色食品专营店数量调查

对于绿色食品价格的调查中,48.71%的受访者能接受比一般商品高30%以下;40.58%的受访者接受比一般商品高30%~50%;对于绿色食品高于一般商品价格80%以上,受访者基本不接受(图1-10)。

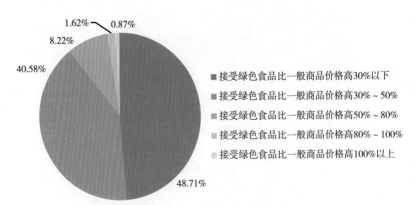

图1-10 绿色食品价格调查

在对待绿色食品的态度上，68.77%的受访者表示"为了健康，偶尔会选择绿色食品"；21.95%的受访者表示"即使价格贵很多，也倾向于购买绿色食品"；6.55%的受访者称"价格太高，不太会购买绿色食品"；另有2.73%的受访者认为"是否是绿色食品无所谓"（图1-11）。

在对特定人群的绿色食品消费进行分析后，结果显示：①男、女购买绿色食品比例基本相同；②老年人和高素质人群更注重食品健康和饮食安全；③高学历人群更注重下一代健康；④高学历、高收入群体是绿色食品消费的主力人群；⑤消费者承受的价格区间是比普通食品价格高50%以下。

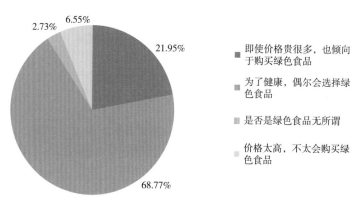

图1-11 居民对待绿色食品态度调查

（二）绿色食品市场销售

随着人们生活水平的不断提升，绿色食品供给能力的不断提升，绿色食品国内外销售额逐年攀升。目前，在国内部分大中城市，绿色食品通过专业营销机构和电商平台进入市场，一大批大型连锁经营企业设立了绿色食品专店、专区和专柜。中国绿色食品博览会已成功举办21届，吸引了大量国内外的生产商和专业采购

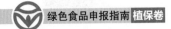

商，成为产销对接、贸易合作和信息交流的重要平台（图1-12至图1-16）。

图 1-12 第二十一届中国绿色食品博览会暨第十四届中国国际有机食品博览会在厦门举办

图 1-13 第二十一届中国绿色食品博览会内蒙古展区

图 1-14 第二十一届中国绿色食品博览会广西展区

图 1-15 第二十一届中国绿色食品博览会扶贫展区

图 1-16 第二十一届中国绿色食品博览会山西展区

绿色食品国内销售额从1997年的240亿元发展到2020年的5 075亿元，出口额从1997年的7 000多万美元，发展到2020年的36.78亿美元（图1-17和图1-18）。

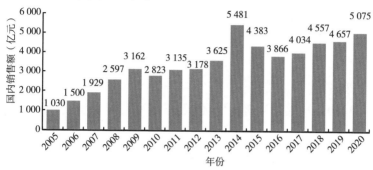

图1-17　2005—2020年绿色食品产品国内销售额

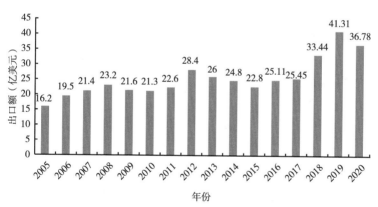

图1-18　2005—2020年绿色食品产品出口额

四、绿色食品发展前景

（一）政策支持

发展绿色食品得到党和政府的高度重视和大力支持。习近平总书记在福建工作时就强调："绿色食品是21世纪的食品，很有市场前景，且已引起各级政府和主管部门的关注，今后要在生产研发、生产规模、市场开拓方面加大力度。"在2017年全国"两会"上，习近平总书记参加四川省代表团审议时指出："要坚持市场需求导向，主攻农业供给质量，注重可持续发展，加强绿色、有机、无公害农产品供给。"

2004年以来，中央一号文件8次提出要大力发展绿色食品。

2020年：继续调整优化农业结构，加强绿色食品、有机农产品、地理标志农产品认证和管理，打造地方知名农产品品牌，增加绿色农产品供给。

2017年：支持新型农业经营主体申请"三品一标"①认证，加快提升国内绿色、有机农产品认证的权威性和影响力。

2010年：加快农产品质量安全监管体系和检验检测体系建设，积极发展无公害农产品、绿色食品、有机农产品。

2009年：加快农业标准化示范区建设，推动龙头企业、农业专业合作社、专业大户等率先实行标准化生产、支持建设绿色和有机农产品生产基地。

2008年：积极发展绿色食品和有机食品，培育名牌农产品，加强农产品地理标志保护。

2007年：搞好无公害农产品、绿色食品、有机食品认证，依法保护农产品注册商标、地理标志和知名品牌。

2006年：加快建设优势农产品产业带，积极发展特色农业、绿色食品和生态农业、保护农产品品牌。

2004年：开展农业投入品强制性产品认证试点，扩大无公害、绿色食品、有机食品等优质农产品的生产和供应。

---

① "三品一标"指绿色食品、有机产品、无公害农产品和农产品地理标志。

（二）产业扶持

近年来，为贯彻绿色发展理念，推动农业农村经济高质量发展，我国加快构建推进农业绿色发展的政策体系。2016年，农业部与财政部[1]联合印发了《建立以绿色生态为导向的农业补贴制度改革方案》，加快推动相关农业补贴政策改革，把政策目标由数量增长为主转到数量、质量、生态并重上来。围绕推进农业绿色发展"五大行动"。2017年，财政部和国家发展改革委[2]安排资金，支持耕地轮作休耕制度试点、绿色高效技术服务、农业面源污染防治、有机肥替代化肥试点、畜禽粪污资源化利用试点等。安排资金，支持耕地保护与质量提升、黑土地保护利用、农作物秸秆综合利用、草原生态保护补助奖励、渔业增殖放流等，建立多元化生态保护补偿机制。2017年，中共中央办公厅、国务院办公厅印发了《关于创新体制机制推进农业绿色发展的意见》，意见要求完善农业生态补贴制度，有效利用绿色金融激励机制，探索绿色金融服务农业绿色发展的有效方式，加大绿色信贷及专业化担保支持力度，创新绿色生态农业保险产品。同年，农业部会同中国农业银行发布了《关于推进金融支持农业绿色发展工作的通知》，提出聚焦农业绿色发展和绿色金融，加快构建多层次、广覆盖、可持续的农业绿色发展金融服务体系。

农业产业化龙头企业、农民专业合作社、家庭农场是绿色食品发展的主体。2017年中央一号文件要求，支持新型农业经营主体申请"三品一标"认证，加快提升国内绿色、有机农产品认证的权威性和影响力。为促进现代农业产业体系、生产体系、经营体系建设，中共中央办公厅，国务院办公厅印发了《关于加快构建政策体

---

[1]　中华人民共和国财政部，全书简称财政部。

[2]　中华人民共和国国家发展和改革委员会，全书简称国家发展改革委。

系 培育新型农业经营主体的意见》。农业部认真贯彻落实中央文件精神，立足实施乡村振兴战略，依托"农业绿色发展五大行动"和"质量兴农八大行动"，为新型农业经营主体发展"三品一标"创造政策、法律、技术、市场等环境和条件，特别针对突出困难，会同有关部门重点在金融、保险、用地等方面加大政策创设力度，引导新型农业经营主体多元融合发展、多路径提升规模经营水平、多模式完善利益分享机制以及多形式提高发展质量。2017年，中央财政安排补助资金14亿元专门用于支持合作社和联合社，重点支持制度健全、管理规范、带动力强的国家示范社，发展绿色生态农业，开展标准化生产，突出农产品加工、产品包装、市场营销等关键环节，进一步提升自身管理能力、市场竞争能力和服务带动能力。

绿色食品发展契合当前国家生态文明建设、农业绿色发展、质量兴农、乡村产业振兴等时代发展主题，是满足人们对美好生活需求的重要支撑，是农业增效、农民增收的重要途径，具有广阔的发展前景，未来必将成为农业绿色发展的标杆、品牌农业发展的主流。

第二章

《绿色食品　农药使用准则》（NY/T 393）的发展与变化

　　绿色食品认证和发展在中国已经走过了30年，与绿色食品质量安全密切相关的《绿色食品　农药使用准则》（NY/T 393）也经过多次修订。2000年3月2日，颁布了《绿色食品　农药使用准则》（NY/T 393—2000）；经过13年的应用和实施，在2013年12月13日颁布了《绿色食品　农药使用准则》（NY/T 393—2013）；目前执行的是2020年7月27日颁的《绿色食品　农药使用准则》（NY/T 393—2020），于11月1日实施。NY/T 393—2020在NY/T 393—2013的基础上重新规范了绿色食品农药使用的原则、筛选农药的方法以及允许使用的目录清单，明确了绿色食品农药使用的理念，规范了农药使用的合法性、合理性和一致性，为绿色食品安全和高质量的发展，提供了理论和管理的依据。

一、《绿色食品　农药使用准则》（NY/T 393—2000）解读

　　随着对食品安全的关注，根据绿色食品的安全、绿色、环保的

理念，2000年颁布了《绿色食品 农药使用准则》（NY/T 393—2000），该准则针对食品安全的化学污染风险，有机氯、有机磷农药的广泛使用，以及高毒高残留农药对农产品安全和环境造成影响，采取了禁止使用和限制使用名单制度，尤其是禁止使用化学合成物质的名单，将有毒有害、污染环境、危害健康风险大的化学品排除在外，同时，对于禁止使用名单以外的化学合成物质，规定每一种化学合成物质在作物的每个生长季节只能使用一次，源头上杜绝了多次频繁使用单一化学合成物质在农产品中残留的累积、对环境的破坏和害虫抗药性的产生，将有害生物综合防治的理念和实践有机结合在一起。

为了保证绿色食品质量安全，规范绿色食品生产投入品（农药）的使用，保证认证结果的一致性和实施过程中的有效性，根据绿色食品的农药使用原则规定了AA级绿色食品及A级绿色食品生产中允许使用的农药种类、毒性分级和使用准则。规定在我国取得登记的生物源农药（Biogenic Pesticides）、矿物源农药（Pesticides of Fossil Origin）和有机合成农药（Synthetic Organic Pesticides）在绿色食品AA级和A级产品生产中允许使用、限制使用和禁止使用农药的种类和范围。采取了允许使用范围、原则、使用准则和禁止使用清单的模式。

（一）绿色食品生产有害生物防治农药范围

《绿色食品 农药使用准则》（NY/T 393—2000）规范了绿色食品生产中允许使用的农药的来源和类别，包括生物源农药、矿物源农药和有机合成农药三大来源并确定了与之相对应的类别（表2-1）。

在绿色食品农药使用范围中，包括了三大来源的物质，即生物源、矿物源和有机合成农药，规定了在不同来源农药的类别，并确定了其功能以及与其功能相对应的有代表性的农药的种类和使用范围。

表2-1　绿色食品农药的范围和类别

来源	生物属性	类别	制剂	代表性农药	用途
生物源农药	微生物源农药	农用抗生素	生物发酵剂	灭瘟素、春雷霉素、多抗霉素（多氧霉素）、井冈霉素、农抗菌120、中生菌素等	防治真菌病害
			生物发酵剂	浏阳霉素、华光霉素	防治螨类
		活体微生物农药	真菌	蜡蚧轮枝菌等	防治粉虱等害虫
			细菌	苏云金杆菌、蜡质芽孢杆菌等	防治鳞翅目害虫
			拮抗菌	木霉等	防治真菌病害
			昆虫病原线虫	斯氏线虫	防治线虫
			病原微生物	微孢子	防治蝗虫等
			病毒	核多角体病毒、多角体病毒等	防治害虫

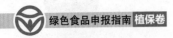

（续表）

来源	生物属性	类别	制剂	代表性农药	用途
生物源农药	动物源农药	合成信息素	性信息素、昆虫信息素、昆虫外激素（或昆虫外激素）	棉铃虫、小菜蛾等性诱剂	防治鳞翅目、鞘翅目等害虫
		活体制剂	寄生性、捕食性的天敌动物	瓢虫、草蛉、小花蝽、赤眼蜂、蚜茧蜂等	防治害虫
	植物源农药	杀虫剂	除虫菊素、鱼藤酮、烟碱、植物油等	防治害虫	
		杀菌剂	大蒜素、蛇床子素等	真菌病害	
		拒避剂	印楝素、苦楝、川楝素等	驱避蚜虫、蓟马等害虫	
		增效剂	芝麻素等	与药剂混合使用，防治病虫害	

（续表）

来源	生物属性	类别	制剂	代表性农药	用途
矿物源农药	矿物制剂	硫制剂	无机杀螨剂、杀菌剂	硫悬浮剂、可湿性硫、石硫合剂等	防治害螨、休眠期铲除剂
		铜制剂	无机杀菌剂	硫酸铜、王铜、氢氧化铜、波尔多液等	防治真菌细菌病害
	矿物油乳剂	油乳剂	无机杀虫剂、杀菌剂	柴油乳剂等	防治蚧虫、真菌病害等
有机合成农药	化学合成	多种制剂	杀虫剂、杀菌剂、除草剂和生长调节剂	有机磷、菊酯类、氨基甲酸酯、昆虫特异性生长调节剂和新烟碱类等	防治病虫草害等

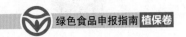

综上所述，《绿色食品　农药使用准则》（NY/T 393—2000）涵盖面广，为绿色食品生产中农药的选择提供了很大的空间，有利于绿色食品有害生物的防治。

（二）绿色食品生产农药使用的准则

绿色食品生产应从作物—病虫草等整个生态系统出发，综合运用各种防控措施，创造不利于病虫草害滋生和有利于各类天敌繁衍的环境条件，保持农业生态系统的平衡和生物多样化，减少各类病虫草害造成的损失。优先采用农业措施，通过选用抗病抗虫品种、非化学药剂种子处理、培育壮苗、加强栽培管理、中耕除草、秋季深翻晒土、清洁田园、轮作倒茬、间作套种等一系列措施起到防治病虫草害的作用。还应尽量利用灯光、色彩诱杀害虫，机械捕捉害虫，机械和人工除草等措施，防治病虫草害。特殊情况下，必须使用农药时，就遵守AA级绿色食品农药使用准则和A级绿色食品农药使用准则。

1. 准则定位

NY/T 393—2000从生态系统出发，针对生态系统中多种生物和非生物因子，侧重于作物与病虫草害的关系，准则的核心是建立作物和病虫草害的平衡。在采取综合措施的情况下，考虑病虫草害与天敌之间的环境关系，逐步使生态系统达到多样化和平衡的目的，其最终目标是将病虫草害控制在经济危害水平以下（仍然侧重在病虫草害的防治，防治效果最终的目标以经济指标为衡量指标）。

2. 技术集成

NY/T 393—2000在技术集成中首先考虑与农业措施，在农业措施的基础上推荐了物理防治、机械防治，对生物防治和天敌的保护利用没有涉及，这与当时天敌昆虫的商品化程度有关。

3. 农药使用

NY/T 393—2000提出使用农药的前提条件是在"必须使用农

药"时，"必须使用农药"的条件概念模糊，缺乏针对性。因为在该准则中侧重于病虫草害防治的效果，考虑农药对环境的影响较少。

（三）绿色食品农药使用的规定

1. AA级绿色食品农药使用准则

AA级绿色食品生产，优先选用经过认证的AA级绿色食品农药产品。由于农药的种类多，产品质量参差不齐，为了保证绿色食品的安全和质量，启动了绿色食品生产资料的评估。但是，农药的评估是专业性很强的技术，再加上考虑到绿色食品种类繁多、生产企业积极性等问题，要完全满足AA级绿色食品生产的要求，有一定的难度和差距，因此又规定了评估名录以外的农药（表2-2）。

表2-2　AA级绿色食品生产农药使用准则

使用顺序	使用准则
优先使用	AA级绿色食品生产资料农药类产品
允许使用	①中等毒性以下植物源杀虫剂、杀菌剂、拒避剂和增效剂，如除虫菊素、鱼藤根、烟草水、大蒜素、苦楝、川楝、印楝、芝麻素等； ②释放寄生性、捕食性天敌动物，如昆虫、捕食螨、蜘蛛及昆虫病原线虫等； ③在害虫捕捉器中允许使用昆虫信息素及植物源引诱剂； ④允许使用矿物油和植物油制剂； ⑤允许使用矿物源农药中的硫制剂、铜制剂
限制使用	①经专门机构核准，允许有限度地使用活体微生物农药，如真菌制剂、细菌制剂、病毒制剂、放线菌、拮抗菌剂、昆虫病原线虫、原虫等； ②允许有限度地使用农用抗生素，如春雷霉素、多抗霉素（多氧霉素）、井冈霉素、农抗120、中生菌素、浏阳霉素等

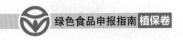

使用顺序	使用准则
禁止使用	①禁止使用有机合成的化学杀虫剂、杀螨剂、杀菌剂、杀线虫剂、除草剂和植物生长调节剂； ②禁止使用生物源、矿物源农药中混配有机合成农药的各种制剂； ③严禁使用基因工程品种（产品）及制剂

对于绿色食品生产资料名录以外的产品，规定了"中等毒性以下植物源杀虫剂、杀菌剂、拒避剂和增效剂"的植物源产品，植物源药剂大多都是从有毒的杀虫、杀菌植物中提取的，有些产品的毒性是中毒，例如，根据ADI毒性分析，苦参碱及氧化苦参碱（苦参等提取物）、鱼藤酮类（如毛鱼藤）、小檗碱（黄连、黄柏等提取物）等都属于中毒等级，特别是苦参碱及氧化苦参碱（苦参等提取物）是目前国内生产厂家最多、产品最丰富的农药，也是目前绿色食品生产中最普遍使用的药剂。

关于活体农药（细菌、真菌、病毒和线虫等），都是经过登记并进行了环境评估的。但是，是农业农村部农药检定所的农药登记信息，还是依据专业机构评估的评估结果，二者有一定的矛盾。原则上，进行了农药登记了就是安全的，此外，NY/T 393—2000对专业评估机构的范围和能力没有约束。

微生物的代谢产物，是微生物在发酵过程产生的活性物质，本身不具有增殖和扩繁的能力，类同于植物源农药。微生物的代谢产物在国际有机产品生产中是禁止使用的，唯一的特例是美国有机标准中允许使用硫酸链霉素防治梨的火疫病。

对于矿物源农药，特别是铜制剂，NY/T 393—2000中对其没有约束的条件。铜是重金属污染物，在土壤安全检测中是必检的项目，大量使用铜制剂会造成土壤和产品中铜的累积。

2. A级绿色食品农药使用准则

在A级绿色食品农药使用准则中，优先使用AA级绿色食品允许使用的农药，是传承的关系（表2-3）。

对于植物源农药，限制的种类范围仍然是中等毒性以下的农药，苦参碱、鱼藤酮等不在允许使用范围中。

微生物制剂的阿维菌素属于高毒农药，在果树和蔬菜上禁止使用，在其他的作物（如茶叶等）没有限制。

表2-3 A级绿色食品生产农药使用准则

使用顺序	使用准则
优先使用	应首选使用AA级和A级绿色食品生产资料农药类产品
允许使用	①中等毒性以下植物源农药、动物源农药和微生物源农药； ②在矿物源农药中允许使用硫制剂、铜制剂
限制使用	①有限度地使用部分有机合成农药，并按《农药安全使用标准》（GB 4285）、《农药合理使用准则（一）》（GB 8321.1）、《农药合理使用准则（二）》（GB 8321.2）、《农药合理使用准则（三）》（GB 8321.3）、《农药合理使用准则（四）》（GB 8321.4）、《农药合理使用准则（五）》（GB/T 8321.5）的要求执行； ②应选用上述标准中列出的低毒农药和中等毒性农药； ③每种有机合成农药（含A级绿色食品生产资料农药类的有机合成产品）在一种作物的生长期内只允许使用一次（其中，菊酯类农药在作物生长期只允许使用一次）； ④应按照GB 4285、GB 8321.1、GB 8321.2、GB 8321.3、GB 8321.4、GB/T 8321.5的要求控制施药量与安全间隔期； ⑤有机合成农药在农产品中的最终残留应符合GB 4285、GB 8321.1、GB 8321.2、GB 8321.3、GB 8321.4、GB/T 8321.5的最高残留限量（MRL）要求
禁止使用	①严禁使用剧毒、高毒、高残留或具有三致（致癌、致畸、致突变）毒性的农药（见NY/T 393—2000的附录A）； ②严禁使用高毒高残留农药防治贮藏期病虫害； ③严禁使用基因工程品种（产品）及制剂

针对有机合成农药的种类，按照农药使用准则中的中毒和低毒农药，对有机合成农药的种类、次数、安全间隔期和终产品的农药残留都进行了规定。因为毒性高低的评价方法有多种，不同的评价方法差异大。

对于铜制剂，同样存在土壤和产品中铜积累的问题。

从绿色食品发展理念和食品安全层面讲，绿色食品是减农药减化肥的产品，准则中规定了"每种有机合成农药（含A级绿色食品生产资料农药类的有机合成产品）在一种作物的生长期内只允许使用一次（其中菊酯类农药在作物生长期只允许使用一次）"的规定，体现了绿色食品是减少化学农药的产品，具有可操作性和可监控性。

在终产品农药残留，规定了"有机合成农药在农产品中的最终残留应符合GB 4285、GB 8321.1、GB 8321.2、GB 8321.3、GB 8321.4、GB/T 8321.5的最高残留限量（MRL）要求"，这是从农药安全使用的角度规定的，但是随着食品安全管理的规范、农药残留相关国家标准整合和不断修改，形成了统一的《食品安全国家标准 食品中农药最大残留限量》（GB 2763—2021），应将绿色食品农药残留最大限量标准与GB 2763对接。

在化学合成的农药准则中，侧重农药的药理和毒性进行判定，没有涉及风险评估，也没有确定低风险农药。

（四）绿色食品农药禁止使用清单

绿色食品在规定使用农药范围、基础准则，以及AA级、A级准则的基础上，针对剧毒、高毒、高残留、慢性中毒、"三致"及代谢产物有"三致"危害的农药进行了清单式的管理，并作为附录详细列出。以排除法控制风险并保证产品安全，具有重要的意义和使用价值。

特别指出的是，虽然从整体上是以农药的副作用为基础出发点确定的清单，但也涉及了对环境的影响，例如，拟除虫菊酯类农药，不得在水稻及其他水生作物等应用，保证对水生生物的影响减低到最小；所有作物禁用植物生长调节剂，以及在蔬菜生长期禁用除草剂的规定，有一定的前瞻性，在实际应用中有一定的难度，这也是在后期版本中进行修正的原因。

二、《绿色食品　农药使用准则》(NY/T 393—2013) 解读

（一）修订背景

1. 必要性

NY/T 393—2000在绿色食品的生产和管理中发挥了重要作用。但10余年来，国内外在安全农药开发等方面的研究取得了很大进展，有效地促进了农药的更新换代，且农药风险评估技术方法、评估结论以及使用规范等方面的相关标准法规也出现了很大的变化。同时，随着绿色食品产业的发展，对绿色食品的认识趋于深化，在此过程中积累了很多实际经验。为了更好地规范绿色食品生产中农药的使用，有必要对NY/T 393—2000进行修订。

2. 依　据

充分遵循了绿色食品对优质安全、环境保护和可持续发展的要求，将绿色食品生产中的农药使用更严格地限于农业有害生物综合防治的需要，并采用准许清单制进一步明确允许使用的农药品种。允许使用农药清单的制定以国内外权威机构的风险评估数据和结论为依据，按照低风险原则选择农药种类，其中，对化学合成农药筛选评估采用的慢性膳食摄入风险安全系数，远远高于国际上的一般要求。

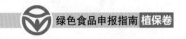

3. 主要变化

（1）适用范围的变化

NY/T 393—2000范围规定了"AA级绿色食品及A级绿色食品生产中允许使用的农药种类、毒性分级和使用准则"，重点是在生产环节；NY/T 393—2013规定了"绿色食品生产和储运中的有害生物防治原则、农药选用、农药使用规范和绿色食品农药残留要求"，不仅包括生产环节，还涵盖了储运环节，使生产链更加完整。

（2）有害生物防治的原则

与NY/T 393—2000相比，NY/T 393—2013从理念和层次上充分体现了有害生物防治的对策，形成从系统到技术到物质的递进关系，也充分体现了绿色食品有害生物防治遵循了"预防为主，综合治理"的植保理念，具有创新性。

（3）农药种类

农药选择依据：NY/T 393—2000的农药选用原则主要规定了应优先选用AA级绿色食品生产资料农药类产品和A级绿色食品生产资料农药类产品。NY/T 393—2013规定了A级绿色食品生产优先选用AA级绿色食品生产允许使用的农药，同时也规定了选用的具体农药品种应对主要防治对象有效，避免不必要的多种农药混用；提倡不同作用机理农药交替使用。这些规定更好地保证了农药的合理使用。

农药种类变化：NY/T 393—2000的正文条款规定了植物源、动物源、微生物源、矿物源和化学合成农药的使用条件，并在附录中规定了合成化学农药禁止使用的具体种类，是一种排除关系；NY/T 393—2013中，将AA级允许使用和A级允许使用进行了统一，并列出详细的清单，AA级清单包含了植物和动物来源、微生物来源、矿物来源、生物化学产物和其他5个方面，侧重于来源而不是植保产品的属性；A级农药和植保产品包含了杀虫剂、杀螨剂、杀软体动物剂、杀菌剂、熏蒸剂、除草剂和植物生长调节剂七大类128种，按照功能和属性进行了分类，其中值得关注的是将NY/T 393—2000禁止使用的植物生长调节剂调整为允许使用的种类。

农药使用：NY/T 393—2000没有提防治适期和防治指标等病虫害防治的专门术语和概念；规定"每种有机合成农药（含A级绿色食品生产资料农药类的有机合成产品）在一种作物的生长期内只允许使用一次（其中菊酯类农药在作物生长期只允许使用一次）"，没有考虑到农药对环境和职业健康的危害等因素。因此，NY/T 393—2013从农药使用角度提出了在确保允许使用农药具备低风险特性的情况下，"按照农药登记批准的规范或GB/T 8321、GB 4285和GB 12475的规定安全合理地使用农药，控制施药剂量（或浓度）、最多施药次数和安全间隔期，且在可能情况下应尽量减少施用次数和延长安全间隔期"。

（4）农产品安全

NY/T 393—2000规定"有机合成农药在农产品中的最终残留应符合GB 4285、GB 8321.1、GB 8321.2、GB 8321.3、GB 8321.4和GB/T 8321.5的最高残留限量要求"，存在涵盖范围局限性和与食品安全国家标准协调性等问题。因此，NY/T 393—2013中规定了绿色食品生产允许使用的农药和国家已禁用但在环境中长期残留的农药，按GB 2763的规定执行，其他农药最大残留限量不得超过0.01毫克/千克。

（二）有害生物防治原则

1.绿色食品有害生物防治原则

绿色食品属于产品认证，产品安全是最基本保证，但是在农业生态系统中，对有害生物的控制不仅仅依赖植保产品，需要多种措施协同，特别是能够预防有害生物发生的环境和生态因素，如农业措施、物理措施和生物措施，减少有害化学物质的污染，保证产品安全。在保证产品安全的基础上，由关注产品安全，扩展到关注人员、环境和产品的安全，体现绿色产品与绿色环境的统一，践行"绿色防控，公共植保"的新理念。绿色食品有害生物防治原则主要体现在如下几方面。

以保持和优化农业生态系统为基础：建立有利于各类天敌繁衍和不利于病虫草害滋生的环境条件，提高生物多样性，维持农业生态系统的平衡。

优先采用农业措施：如抗病虫品种、种子种苗检疫、培育壮苗、加强栽培管理、中耕除草、耕翻晒垡、清洁田园、轮作倒茬、间作套种等。

尽量利用物理和生物措施：如用灯光、色彩诱杀害虫，机械捕捉害虫，释放害虫天敌，机械或人工除草等。

必要时合理使用低风险农药：如没有足够有效的农业、物理和生物措施，在确保人员、产品和环境安全的前提下按照NY/T 393—2013第5、第6部分的规定，配合使用低风险的农药。

2. 有害生物防治原则的变化

（1）"有害生物防治的原则"替代"农药使用准则"

在NY/T 393—2013中，将NY/T 393—2000中的"农药使用准则"修改为"有害生物防治原则"，首次提出了绿色食品有害生物防治的原则，从对农药的关注专项对有害生物的关注的转变，农药是防治有害生物的重要生产资料，但有害生物防治并不完全依赖农药，而是采取农药以外的多种措施和物质，体现了绿色食品有害生物防治遵循了"预防为主，综合治理"的植保理念，具有创新性。

（2）"绿色植保"替代"综合治理"

有害生物防治的原则，对具体措更加具体化和明确化。首先，绿色食品生产病虫害防治以生态系统为基础，在农业生态系统中，充分考虑"病三角"①和"虫三角"②的相互关系，保持和优化生态系统。从综合防治方法上，优先采用农业防治、物理防治和生物防治等与环境相融合、回归农业本源的基础措施；农业防治是最基础也是最有效的措施，物理和生物技术是利用有害生物对外界环境和生物种群的内部关系而确定的有效技术，是最实用、最直接的措施；最后才考虑如何使用农药，且农药使用的前提是已经充分实施了农业、物理和生物控制措施并确保人员、产品和环境安全的前提下，才可以使用绿色食品允许使用低风险的化学农药。从理念上讲，由"预防为主，综合防治"的综合治理理念升华到"绿色防控，公共植保"的绿色发展理念。

（3）农药使用是基于风险评估的基础

在绿色食品生产中农药是不可替代的生产资料，但是由于农药对环境、人员和产品具有一定的影响和风险，因此风险评估是控制风险、制定风险阈值和采取控制风险措施的基础，"预则立不预则废"，只有识别风险才能管控风险。

（三）绿色食品农药使用要求

1. 农药使用要求结构的变化

第一，将可使用的农药种类从原准许和禁用混合制改为单纯的准许清单制。

第二，删除NY/T 393—2000第4部分"允许使用的农药种类"、有关农药选用的内容和附录A，设"农药选用"内容规定农药的选用原则，将"绿色食品生产允许使用的农药和其他植保产品清单"以附录的形式给出，见NY/T 393—2013第5部分和附录A。

---

① 在自然状况下，植物病害的发生涉及寄主植物、病原物与环境三个因素的相互作用，称为"病害三角关系"简称"病三角"。

② 在自然状况下，植物病害的发生涉及寄主植物、害虫与环境三个因素的相互作用，称为"虫害三角关系"，简称"虫三角"。

第三，将NY/T 393—2000第5部分的标题"使用准则"改为"农药使用规范"，增加了关于施药时机和方式方面的规定，并修改了关于施药剂量（或浓度）、施药次数和安全间隔期的规定，见NY/T 393—2013第6部分。

第四，增设"绿色食品农药残留要求"内容，并修改残留限量要求，见NY/T 393—2013第7部分。

2. 农药选择

（1）清单化管理

NY/T 393—2000大部分篇幅规定的是允许使用的农药种类（见NY/T 393—2000的表1），AA级和A级绿色食品农药使用准则的部分条款（见NY/T 393—2000的附录A）涉及禁用农药（见NY/T 393—2000的表2和表3），规定不够简单清晰，实际使用中容易造成理解上的偏差。NY/T 393—2013将其修改为单纯的允许清单制。AA级绿色食品生产允许使用的农药和其他植保产品清单与有机食品接轨，而制定允许使用清单；A级绿色食品生产优先使用AA级允许使用的农药和其他植保产品清单，在不能满足有害生物防治需要时，还可按照农药登记批准的规范或GB/T 8321和GB 4285的规定使用追加的农药清单中的农药。

（2）基于风险评估确定允许使用的农药种类

评估依据包括国内人群的膳食暴露和风险评估结果、世界卫生组织（WHO）农药危害性分类、我国农药毒性分类、联合国粮食及农业组织/世界卫生组织（FAO/WHO）农药残留联合专家会议（JMPR）评估，以及其被国际食品法典委员会（CAC）采纳情况、美国和欧盟等发达国家与地区的登记使用情况等。

列入清单农药及其植保产品主要基于以下原则。

第一，国内人群的膳食暴露风险评估结果，一般要求估计每日摄入量（NEDI）在每日允许最大摄入量（ADI）的20%以内。

第二，WHO农药危害性分类中，被列为淘汰类（O）、极高危险性类（Ⅰa）和高危险性类（Ⅰb）的农药被排除在清单之外；没有分类的农药，可根据国际权威机构认可的毒理学数据，按WHO的分类方法确定类别。

第三，农药毒性分类，以低毒农药为主，也包括少量确有需要的中毒农药。

第四，根据JMPR评估存在风险，CAC已将原有的农药最高残留限量（MRL）全部撤销的农药排除在清单之外。

第五，长残留农药排除在清单之外。

第六，一般应在美国或欧盟登记使用，或CAC已根据JMPR评估制定了MRL标准，部分用途确有需要，可用日本、澳大利亚、加拿大或欧盟国家中至少有3个国家登记使用来替代。

（3）农药选用

NY/T 393—2000的农药选用原则主要规定了应优先选用AA级绿色食品生产资料农药类产品和A级绿色食品生产资料农药类产品，由于认证的产品少，不能满足要求，故取消该规定。NY/T 393—2013在农药品种的选用原则方面规定了A级绿色食品生产优先选用AA级绿色食品生产允许使用的农药。同时，也规定了选用的具体农药品种应对主要的防治对象有效，避免不必要的多种农药混用；提倡不同作用机理农药交替使用。更好地保证了农药的合理使用。

（4）农药种类

根据风险评估原则，共筛选出了128种农药列入NY/T 393—2013中A级绿色食品允许使用的农药清单，包括杀虫杀螨剂28种、杀螨剂6种、杀软体动物剂1种、杀菌剂44种、熏蒸剂2种、除草剂51种、植物生长调节剂7种。

（四）绿色食品农药残留要求

NY/T 393—2000规定"有机合成农药在农产品中的最终残留

应符合GB 4285、GB 8321.1、GB 8321.2、GB 8321.3、GB 8321.4和GB/T 8321.5的最高残留限量要求"。该规定存在涵盖范围局限性和与食品安全国家标准协调性等问题。

《食品安全国家标准 食品中农药最大残留限量》（GB 2763—2012）规定了阿维菌素等322种农药2 293项农药最大残留量标准。此后，该标准又历经多次修订，其目的在于逐步满足和完善产品种类与农药种类的对应关系。2014年发布GB 2763—2014，规定了2,4-滴等387种农药3 650项最大残留限量标准；2016年发布GB 2763—2016，规定了2,4-滴等433种农药4 140项最大残留限量标准；2018年又补充发布了《食品安全国家标准 食品中百草枯等43种农药最大残留限量》（GB 2763.1—2018），增加了百草枯等43种农药302项最大残留限量标准，与GB 2763—2016配套使用。2019年8月15日，农业农村部、国家卫生健康委员会和国家市场监督管理总局联合发布《食品安全国家标准 食品中农药最大残留限量》（GB 2763—2019），规定了2,4-滴等483种农药在356种（类）食品中7 107项残留限量标准，该标准将代替GB 2763—2016和GB 2763.1—2018。GB 2763—2019中规定的产品农药残留值远远高于绿色食品，绿色食品对农产品农药残留限量的要求完全符合GB 2763的规定，同时也为小宗作物农药的使用提供了借鉴。

在允许使用农药和使用准则方面，NY/T 393—2013有较大变化，残留限量的规定也需要做相应调整。设立了专门的部分来规定农药残留要求，绿色食品生产允许使用的农药和国家已禁用但在环境中长期残留的农药，按GB 2763的规定执行，其他农药其最大残留限量不得超过0.01毫克/千克，不仅与GB 2763吻合，也与国际标准保持了一致。

三、《绿色食品　农药使用准则》（NY/T 393—2020）解读

（一）修订的背景

1. 必要性

NY/T 393—2013《绿色食品　农药使用准则》的发布实施已经超过5年。由于NY/T 393—2013开始采用准许清单制，直接列出了允许使用的农药品种，对绿色食品生产中的农药使用行为的规定更为精细和明确，对具体农药品种的认识和相关影响因素的变化就会比较快。为了保持和提高本标准的合理性，持续性修订和完善允许使用农药清单。

2. 依　据

NY/T 393—2013在前版标准的基础上，已经建立起了比较完整有效的标准框架，包括规定有害生物防治原则，要求使用农药是最后的必要选择；规定允许使用的农药清单，确保所用农药是经过系统评估和充分验证的低风险品种；规范农药使用过程，进一步减缓农药使用的健康和环境影响；规定了与农药使用要求协调的残留要求，在确保绿色食品更高安全要求的同时，也作为追溯生产过程是否存在农药违规使用的验证措施。

NY/T 393—2020延续NY/T 393—2013的标准框架，主要根据近年国内外在农药开发、风险评估、标准法规、使用登记和生产实践等方面取得的新进展、新数据和新经验，更多地从农药对健康和环境影响的综合风险控制出发，适当兼顾绿色食品生产对农药品种的实际需求，对标准做局部修改。

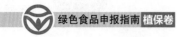

3. 主要变化

（1）有害生物防治原则

增加一些具体的、实用的措施，如性诱剂和食物诱杀害虫，温汤浸种控制种传病虫害，以及稻田养鸭等。

（2）农 药

农药选择：根据2017年新版《农药管理条例》关于临时用药措施的规定，将农药选择修改为"所选用的农药应符合相关的法律法规，并获得国家在相应作物上的使用登记或省级农业主管部门的临时用药措施，但不属于农药使用登记范围的产品（如薄荷油、食醋、蜂蜡、香根草、乙醇、海盐等）除外"。

农药种类：根据膳食暴露风险评估、风险评估、毒性分析、JMPR评估、长残留农药、国际通用和国内需求等多重因素，确定了新版农药清单。NY/T 393—2020的农药清单包括了141种农药，其中包括杀虫杀螨剂39种、杀菌剂57种、除草剂39种和生长调节剂6种；NY/T 393—2013的农药清单包括128种农药，其中杀虫杀螨剂35种、杀菌剂42种、除草剂44种、生长调节剂7种。从结构上讲，杀菌剂增加数量较大，除草剂数量下降，这也符合农药行业发展的特点。

农产品安全：关于绿色食品生产中允许使用的农药，NY/T 393—2013对其残留量限量的要求是"应不低于GB 2763的要求"，NY/T 393—2020中将其改为"应符合GB 2763的要求"。与GB 2763无缝接轨。同时，去掉了会在环境中长期残留的国家明令禁用农药，其再残留量应符合GB 2763的要求。

（二）绿色食品农药内涵及其评估原则

1. 农药范围的界定

农药作为一个具有特定含义的概念，在发展中不断完善和进步，在NY/T 393—2013中，将NY/T 393—2000中的"农药"修正为"农药和植保产品"，在NY/T 393—2020中，根据2017年新版《农药管理条例》第二条和《农药登记管理术语　第1部分：基本术语》（NY/T 1667.1—2008）又将NY/T 393—2013的"农药和植保产品"重新修正为"农药"，和上位标准保持一致。

在2017年新版《农药管理条例》第二条和《农药登记管理术语　第1部分：基本术语》（NY/T 1667.1—2008）都采用如下的农药定义：农药是指用于预防、控制危害农业、林业的病、虫、草、鼠和其他有害生物，以及有目的地调节植物、昆虫生长的化学合成或者来源于生物、其他天然物质的一种物质或者几种物质的混合物及其制剂。包括用于不同目的、场所的下列各类：①预防、控制危害农业、林业的病、虫（包括昆虫、蜱、螨）、草、鼠、软体动物和其他有害生物；②预防、控制仓储以及加工场所的病、虫、鼠和其他有害生物；③调节植物、昆虫生长；④农业、林业产品防腐或者保鲜；⑤预防、控制蚊、蝇、蜚蠊、鼠和其他有害生物；⑥预防、控制危害河流堤坝、铁路、码头、机场、建筑物和其他场所的有害生物。因此，NY/T 393—2020中将"农药和其他植保产品清单"改回"农药"。

2. 风险评估的原则

绿色食品生产允许使用的农药清单的调整仍然根据系统的风险评估结果确定，2013年版采用的下列原则也仍然沿用。

第一，因农药本身特性原因，在规范使用情况下也容易产生药害的排除在清单之外。

第二，对蜂、鸟、鱼、蚯蚓等代表性环境生物剧毒的一般排除在清单之外。

第三，除少数特别需要外，植物生长调节剂原则上只选用与植物内源激素结构相同或相似的品种。

第四，强化综合评估，健康和环境影响药迹指数（表示1千克农药有效成分在使用过程及进入农业环境后对人类健康和生态环境可能带来的不利影响程度）。

第五，兼顾生产需要，参考全国农业技术推广服务中心和多个省级农业（植保）部门推荐种类。

（三）绿色食品农药的变化

1. 农药类群变化

比较NY/T 393—2020与NY/T 393—2013的差别，可以看出，对于农药的类别重新调整，由原来的7类调整为4类，即杀虫杀螨剂、杀菌剂、除草剂和生长调节剂。将NY/T 393—2013的杀虫剂、杀螨剂和杀软体动物剂归为杀虫杀螨剂；将NY/T 393—2013的杀菌剂和熏蒸剂合并为杀菌剂。

2. 农药数量变化

NY/T 393—2020列出杀虫杀螨剂39种，NY/T 393—2013列出的杀虫剂、杀螨剂和杀软体动物剂3类的合计35种；NY/T 393—2020列出杀菌剂为57种，NY/T 393—2013列出杀菌剂和熏蒸剂42种，杀菌剂种类增加幅度较多；除草剂和生长调节剂的种类变化不大（表2-4）。

表2-4　NY/T 393—2020 与 NY/T 393—2013 农药类别和农药数量的变化

NY/T 393—2020		NY/T 393—2013	
农药类别	农药种类（种）	农药类别	农药种类（种）
杀虫杀螨剂	39	杀虫剂	28
		杀螨剂	8
		杀软体动物剂	1
杀菌剂	57	杀菌剂	40
		熏蒸剂	2

（续表）

NY/T 393—2020		NY/T 393—2013	
农药类别	农药种类（种）	农药类别	农药种类（种）
除草剂	39	除草剂	44
生长调节剂	6	生长调节剂	7
合计	141	合计	130

3. 农药种类变化（表2-5至表2-7）

在NY/T 393—2020中，杀虫杀螨剂（含杀软体动物剂）由原来的37种增加到39种，根据对环境影响和对水生生物的毒性，删除了S-氰戊菊酯、丙溴磷、毒死蜱、联苯菊酯、氯氟氰菊酯、氯菊酯和氯氰菊酯。有机磷农药只保留了辛硫磷，菊酯类农药只保留了高效氯氰菊酯和甲氰菊酯2种。辛硫磷是低毒广谱杀虫剂，具有胃毒和触杀作用，对鳞翅目幼虫效果好，叶面喷洒药效期短，生产上广泛用于防治地下害虫。高效氯氰菊酯和甲氰菊酯同属于低毒神经毒剂，活性高，防效好，击倒速度快。高效氯氰菊酯比氯氰菊酯更具有优势，甲氰菊酯除了具有相同特点外，还可以虫、螨同治，杀虫谱更广。

从杀虫剂结构看，有机磷、有机氯、菊酯类、氨基甲酸酯类农药都是比较传统的神经毒剂药剂，对非靶标生物（特别是水生生物）和人类有一定的影响。本着高效、安全（环境安全和产品安全）的原则，以抑制几丁质酶为作用机理的新型药剂（如新烟碱类农药）已经成为优势药剂，是取代有机磷类、氨基甲酸酯类、有机氯类等高毒、高残留杀虫剂的较好品种。

NY/T 393—2020中杀菌剂数量由NY/T 393—2013的42种增加到57种，除了删除甲霜灵（因为有更好的精甲霜灵）外，还增加了苯醚甲环唑、稻瘟灵、噁唑菌酮、氟吡菌酰胺、氟硅唑、氟吗啉、氟酰胺、氟唑环菌胺、喹啉铜、嘧菌环胺、氰氨化钙、噻呋酰胺、噻唑锌、三环唑、肟菌酯和烯肟菌胺16种，除了氰氨化钙（石灰氮）矿物源外，包含了三唑类、嘧啶类和酰胺类的广谱、内吸，同时具有保护和治疗作用的杀菌剂，杀菌范围更广，更有效。

除草剂种类变化由44种减少到39种，主要是考虑到2A类致癌物风险（如草甘膦）、难于降解（如敌草隆、噁草酮和二氯喹啉酸等）、对水生生物影响（如禾草丹）等环境和安全因素，删除了部分除草剂（表2-7）。

表2-5　NY/T 393—2020 允许使用的农药清单变化

A级	删除种类	增列种类
杀虫剂	S-氰戊菊酯、丙溴磷、毒死蜱、联苯菊酯、氯氟氰菊酯、氯菊酯、氯氰菊酯	虫螨腈、氟啶虫胺腈、甲氧虫酰肼、硫酰氟、氰氟虫腙、杀虫双、杀铃脲、虱螨脲、溴氰虫酰胺
杀菌剂	甲霜灵	苯醚甲环唑、稻瘟灵、噁唑菌酮、氟吡菌酰胺、氟硅唑、氟吗啉、氟酰胺、氟唑环菌胺、喹啉铜、嘧菌环胺、氰氨化钙、噻呋酰胺、噻唑锌、三环唑、肟菌酯、烯肟菌胺
除草剂	草甘膦、敌草隆、噁草酮、二氯喹啉酸、禾草丹、禾草敌、西玛津、野麦畏、乙草胺、异丙甲草胺、莠灭净、仲丁灵	苄嘧磺隆、丙草胺、丙炔噁草酮、精异丙甲草胺、双醚、五氟磺草胺、酰嘧磺隆
植物生长调节剂	多效唑、噻苯隆	1-甲基环丙烯

表2-6 从农药清单中删除杀虫剂种类分析

删除种类	依据
S-氰戊菊酯	商品名来福灵，拟除虫菊酯类杀虫剂；对天敌无选择性，对螨无效；蚜虫和棉铃虫等害虫易产生抗性；对蜜蜂、鱼虾、家禽等毒性高；茶叶禁用
丙溴磷	属于有机磷农药，中等毒性杀虫剂，对鱼、鸟、蜜蜂有毒，臭味重
毒死蜱	又名氯吡硫磷，有机磷杀虫杀螨剂；中等毒性；在土壤表面的残留期一般为14天，土壤中的残留时间一般为30天，长者可达2～3个月；水体：浓度为10毫克/千克的毒死蜱的半衰期为233.5天；浓度为1 000毫克/千克的毒死蜱的半衰期为608.9天；在蔬菜等作物上残留大，农业部第2032号公告，禁止在蔬菜上使用
氯氟氰菊酯	商品名功夫；半衰期4～12周；残效期长20天；对鱼虾、蜜蜂、家蚕高毒
联苯菊酯	对人畜毒性中等，对鱼毒性很高，对虹鳟LC_{50}（96小时）为0.000 15毫克/升
氯菊酯	对水生生物和蜜蜂高毒，对虹鳟鱼、蓝鳃鱼LC_{50}为0.003 2毫克/升（96小时），蜜蜂接触LD_{50}为0.1微克/只、经口0.2微克/只；多用于卫生害虫
氯氰菊酯	对蚕、蜜蜂剧毒，对鱼高毒

表2-7 从农药清单中删除杀菌剂和除草剂种类分析

类别	删除种类	依据
杀菌剂	甲霜灵	属苯基酰胺类高效、低毒、低残留、内吸性杀菌农药；由精甲霜灵替代

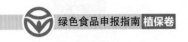

（续表）

类别	删除种类	依据
除草剂	草甘膦	2A 类致癌物；各国有争议，意见不统一
	敌草隆	登记范围窄：仅登记在棉花和甘蔗上使用；风险大：土壤半衰期 96 天，单次用量大
	噁草酮	土壤中半衰期 232 天
	二氯喹啉酸	土壤中半衰期 493 天，使用不当容易出现药害
	禾草丹	对鱼、水蚤、藻等水生生物高毒，一次使用剂量大
	禾草敌	中毒，一次使用剂量大
	西玛津	单次用量大，有药害
	野麦畏	生物富集，对水生生物高毒
	乙草胺	药害
	异丙甲草胺	精异丙甲草胺替代
	莠灭净	对藻类等水生生物高毒，在水中稳定，一次用量大
	仲丁灵	对水生生物毒性较大，土壤半衰期 80 天，生物富集系数 1 950，一次用量大

4. 农药毒性的变化

根据农药的DAI值分析，在NY/T 393—2020中，杀虫剂增加了9种，其中，7种低毒，2种微毒；增加的16种杀菌剂中，除了氰氨化钙是矿物源外，1种中毒，11种低毒，4种微毒；增加的7种除草剂中，3种低毒，4种微毒；增加的1种生长调节剂是属于无毒产品，由此可以看出，从增加和减少的种类的毒性分析，中毒种类减少了，低毒和微毒种类增加，大大提高了允许使用农药的安全性，提升了NY/T 393—2020整体农药的安全结构比例（表2-8）。

表2-8　绿色食品允许使用化学农药安全结构

类别	中毒种类（种）	低毒种类（种）	微毒种类（种）
杀虫杀螨剂	2	32	5
杀菌剂	4	36	17
除草剂	3	23	13
生长调节剂		4	2
合计	10	92	39

（四）绿色食品农药残留要求

删除了会在环境中长期残留的国家明令禁用农药，其农药残留量应符合GB 2763的要求。

第三章

绿色食品有害生物防治的原则和方法

一、绿色食品有害生物防治原则

（一）生态系统

以保持和优化农业生态系统为基础，建立有利于各类天敌繁衍和不利于病虫草害滋生的环境条件，提高生物多样性，维持农业生态系统的平衡。

1.农业生态系统

生态系统是农业生产的基础单元，包含作物健康生长的生物和非生物元素。农业生产的基础要素：温、光、热、水、土、气；植物、动物和微生物，扮演着不同的角色，实施不同的生态功能，其中作物是生态系统的核心。从系统学角度，从种群生态到群落到生物系统，是大循环的概念。

2.创造良好的环境是条件

环境是"虫三角""病三角"的重要媒介，无论病虫还是天敌都离不开环境，受制于环境的影响，在保护有益生物的同时也保护了环境。

3. 提高生物多样性是手段

生物多样性（Biodiversity）是指一定范围内多种多样活的有机体（动物、植物、微生物）有规律地结合所构成稳定的生态综合体。这种多样包括动物、植物、微生物的物种多样性，物种的遗传与变异的多样性，以及生态系统的多样性。其中，物种的多样性是生物多样性的关键，它既体现了生物之间及环境之间的复杂关系，又体现了生物资源的丰富性。

生物多样性的概念涵盖各种各样的生物及其环境形成的生态复合体以及与此相关联的各种生态过程的多样性的总和。一般来讲，它体现在基因、物种、生态系统和景观4个层次，即植物、动物、微生物的物种多样性，遗传基因多样性，生物体与生存环境集合形成的不同等级的复杂系统。生物多样性可能是生态系统在环境改变中能坚持稳定的关键因素。

4. 维持和建立生态平衡是目的

建立平衡的生态系统的结果是稳定性和抗干扰能力达到最大，是生态系统健康的标志。

健康的农业生态系统主要是指能够满足人类需要而不破坏甚至能够改善自然资源的农业生态系统，其目标是高产出、低投入、合理的耕作方式、有效的作物组合、农业与社会的相互适应、良好的环境保护、丰富的物种多样性等（图3-1）。

生态系统健康诊断指标有单指标和多指标，单项指标和预测模型主要用于早期预警，指标群主要反应多重胁迫，成熟生态系统的特性是生态系统健康的标志。其指标包括：第一代是单项指标，重点是环境退化的"临床症状"；第二代是生态系统结构和功能评价，主要是生态系统崩溃"潜伏的迹象和征兆"；第三代是寻求生态、经济与社会因素间的联系，使环境健康评价更广泛且适当。

自然生态系统健康更多强调的是生物多样性，而农业生态系统中生物多样性保护只能通过合理的农业措施来实现。

图 3-1　健康的农业生态系统

（二）农业措施

优先采用农业措施：如选用抗病虫品种、实施种子种苗检疫、培育壮苗、加强栽培管理、中耕除草、耕翻晒垡、清洁田园、轮作倒茬、间作套种等。

1. 检疫措施

检疫措施解决种子种苗的远距离传播问题，外来或入侵生物的溯源。农业措施是基础措施，从本源上解决病虫害问题，从根源上根除病虫害的危害。

2. 农业防治

农业防治的特点是低成本、持续、有效；方法简单，所使用的材料容易获得，并且对环境没有任何影响，是传统农业的一个重要的组成部分，也是有机农业和生态农业的重要组成部分，因此，在绿色食品生产中农业防治是必须的，也是首选的措施。

（三）物理和生物措施

物理防治是指利用温、光、热等物理的方法，针对病虫害的生活习性和生长发育的关键制约因子，采取不利于病虫害发生和发育的因素，破坏其生长的环境条件或干扰其行为，从而达到控制和防治病虫害的目的。

生物防治是指利用一种生物防控另外一种生物的方法。它是降低杂草和害虫等有害生物种群密度的一种方法。

尽量利用物理和生物措施，如温汤浸种控制种传病虫害，机械捕捉害虫，机械或人工除草，用灯光、色板（图3-2）、性诱剂和食物诱杀害虫，释放害虫天敌和稻田养鸭控制害虫等。

图3-2　色板诱杀害虫

（四）药剂防治

必要时合理使用低风险农药。如没有足够有效的农业、物理和生物措施，在确保人员、产品和环境安全的前提下，配合允许使用的农药。

植保方针是"预防为主，综合防治"。"预防为主"是我国植保工作的指导思想。病虫草害防治方案的制定和实施，各类防治措施的综合运用，病虫草害防治技术水平的衡量，都可以从预防作用体现的程度来作出评价。要判断"预防为主"的体现程度，先要弄清"防"与"治"的区别界限："防"就是在病虫草害大量发生为害以前采取措施，使病虫草害种群数量较稳定地被抑制在足以造成作物损害的数量水平之下，体现在稳定、持久、经济、有效地控制病虫草害的发生，以及避免或减少对生态环境的不良影响。而"治"则是要求在短期内控制病虫草害的为害。

目前，在农业生产上对于病虫草害的基本防治手段主要还是依赖于化学农药，但是长期无节制地使用化学农药会带来的三大副作用：病虫草害产生抗药性、破坏生态平衡、污染环境，因此应该强化绿色防控的概念，实施绿色防控措施，将化学农药的使用减少到最低水平。

因化学农药对环境和食品安全的副作用，所以选择农药须关注其对人员、产品和环境的安全，需要建立一个评估体系，评估内容主要包括毒性、对非靶标生物的影响、对水生生物的影响、急性和慢性毒性等。

二、绿色食品有害生物防治方法

我国有害生物可持续防控方面仍存在几个重要问题：缺乏对有害生物间歇性暴发成灾机制的了解，严重影响了有害生物测报的准确性；对多元生物和生态因子影响有害生物暴发成灾的机制缺乏了解，严重制约了有效防控的实施；抗有害生物资源利用中存在抗性资源缺乏，特别是缺乏具有自主知识产权的抗性基因、免疫受体资源，天敌控害基因资源缺乏挖掘与利用，绿色农药原创性分子靶标发现、重磅绿色农药品种开发等方面有被"卡脖子"的风险。

习近平总书记提出"绿水青山就是金山银山"的科学论断，生态文明建设备受重视。农业农村部不仅提出了"绿色植保、生态植保、全民植保"的要求，更提出了采取一切措施，减少化肥和农药使用量的施政方针。国民也逐渐认识到食品和农产品安全对健康和生命的影响，因此，在2006年，湖北襄樊全国植保会议提出"绿色植保和公共植保理念"，把植物保护技术层面（植物保护技术）和职能层面（公众利益）有机结合，构成一个新的有机整体。

贯彻习近平新时代中国特色社会主义思想，落实创新驱动战略、乡村振兴战略和可持续发展战略，实现建设生态文明、建设美丽中国的战略任务，必须要大力发展有害生物绿色防控技术体系，助力实现农业绿色发展和农业农村现代化的目标。全面实现有害生物绿色防控必然要求减少化学农药使用，除了需要强调采用生态调控、生物防治、物理防治等环境友好型害虫防治措施，更重要的是需要加强对有害生物暴发成灾和种群形成机制、生态防控理论基础、植物免疫形成机制及绿色农药创制等基础理论方面的创新研究，全面提升有害生物防控水平，发展有害生物绿色防控颠覆性技术，才能满足国家粮食安全、农产品质量安全、生态安全和生物安全的重大需求。

（一）有害生物综合治理和绿色防控的关系

有害生物综合治理（Integrated Pest Management，IPM）的定义是指综合考虑生产者、社会和环境利益，在投入效益分析的基础上，从农田生态系统的整体性出发，协调应用农业，生物、化学和物理等多种有效防治技术，将有害生物控制在经济危害允许的水平以下。

从生态学观点出发，全面考虑生态平衡及社会安全、经济利益及防治效果，提出最合理及有益的治理措施。不着重有害生物消灭，而重在有害生物数量的调节，达到不造成经济为害的地步，因此在防治方法中，强调自然调节因素的利用，留下一部分有害生物可能对自然平衡反而有利。各种防治方法的协调使用，但尽量采取非化学的防治方法，除非达到经济阈值时才使用化学防治法。

IPM实践中引起人们关心的问题有：仍然依赖杀虫剂作为主要战术；过于强调产品产量，即以产品产量为基础（或中心）的害虫防治；技术组装过于复杂，组织协调比较困难，投入产出比例效益低；强调多种防治措施的综合运用，忽视了农田生态系统本身自我调控能力的发挥；强调有害生物发生时如何防治，忽视如何使有害生物不发生或少发生的措施；所采取的各种措施着重压低有害生物密度于经济损失水平以下，没有考虑这些措施对系统的长期作用，没有考虑把每项措施作为增加系统稳定的一个因子。

绿色防控是指在作物目标产量效益范围内，通过优化集成生物、生态、物理等技术，不用或者限量使用化学农药，达到安全控制有害生物的行为过程。

绿色防控是综合防治的新体现形式，指以促进农作物安全生产，减少化学农药使用量为目标，采取生态控制、生物防治、物理防治等环境友好措施来控制有害生物的行为。

绿色防控、综合治理和传统病虫草害防治的共同点都是控制病虫草害，将病虫草害控制在不造成经济危害水平以下，其目标是一致的。如果用台阶的形式表示三者的关系，可以理解为：传统病虫草害防治目标单一，考核的方式也单一，就是防治效果与产量的关系，更进一步就是防治效果与经济的关系，是传统的"经济阈值"的范畴；综合治理是以防效为核心，在预期的防治效果下，采取多种方法，其目的是减少化学农药的使用，在这个过程中，保护生态环境和生物多样性，强调系统内的协调和一致；绿色防控是以安全为核心，安全包括生产安全、产品安全和生态安全，是个更加广泛的概念和范围，强调系统内的完整性和系统外的协调性（表3-1）。

表 3-1　绿色防控与传统综合防治的区别

技术模式	共同点	主要区别
绿色防控	控制病虫草害	以安全为核心，兼顾产量效益和生态保护
综合治理	控制病虫草害	以防效为核心，兼顾产量效益和生态保护
传统病虫草害防治	控制病虫草害	以产量和效益为核心，很少考虑安全和生态保护

（二）有害生物综合治理措施

1. 农业防治

农业防治是病虫草害防治最基础的措施，也是最有效的措施，因为在病虫草害防治中强调预防为主，农业措施大部分都建立在预防的基础之上，因此在病虫草害防治过程中，具有广泛的用途。已经成熟和可以在生产中实施的技术措施见表3-2和表3-3。

表 3-2　病害与草害防治主要农业措施

农业措施	关键技术	实施要点	实施目标
品种	种子选择和本地育种	选择抗病品种	防控种传病害、根部病害、病毒病和叶部病害
育苗	育苗基质和营养	①基质育苗或纸筒育苗；②基质配置和营养平衡；③根系发达，白根比例高；④漂浮育苗	防控立枯病、猝倒病
深耕、土壤消毒	蔬菜收获后及时深翻高温	①深耕40厘米，破坏土栖环境；②有机物＋石灰，浇透水，膜覆盖；③秸秆、微生物菌剂在阳光作用下，产生二氧化碳，膜覆盖，持续40～60天	防控土传病害

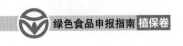

（续表）

农业措施	关键技术	实施要点	实施目标
清洁田园	蔬菜收获后进行	①集中深埋或作物发酵原料；②防治线虫；③疏松土壤	防控菌核病、叶斑病、霜霉病等
轮作	常年实施	①制定轮作计划，同科不宜轮作；②与豆科、禾本科和菊科作物轮作；③2茬轮作一次	防控多种病害
间套种	趋避、招引或诱集	①选择对病虫害有诱集作用的作物（如万寿菊吸引线虫）；②选择对天敌有吸引作用的作物，如油菜吸引瓢虫等；③种植葱蒜植物，趋避线虫	防控叶部病害
有机肥	底肥和追肥	①提高有机质增强抗病抗虫能力；②提高土壤微生物数量，减少土壤病原菌	提高抗性和品质
栽培管理	平高畦栽培	①高畦减少根茎部水分，抑制病害；②增加通透性，减少叶部病害；③保持土壤表面干燥，减少茎基腐病	防控根腐病、茎基腐病、软腐病等
中耕除草	生长期实施	①消除中间寄主②保留有益的杂草，增加天敌	防控杂草，还可同时防控螨类等杂食性害虫
覆盖地膜	生长期实施	①减少土壤病害；②保墒，维持土壤的保湿能力；③抑制杂草	防控土传病害、杂草

表3-3　虫害防治主要农业措施

农业措施	关键技术	实施要点	虫害
抗虫品种	种子和本地育种	选择蜡质厚、生长周期短的速生品种	蚜虫和蓟马等
深耕晒垡	收获后，播种前实施	①深度：40厘米左右；②浇水：破坏蛹室；③暴晒，破坏虫体含水量	鳞翅目害虫、蓟马、韭蛆、根螨、地下害虫等
轮作	生长期实施	种植非十字花科蔬菜（如菊苣等）防治黄曲条跳甲、小菜蛾等专一性食性害虫	多种害虫
间套作	生长期实施	①选择对病虫害有趋避作用的作物（如番茄与芹菜间作趋避白粉虱）；②选择害虫喜食的作物，如蛞蝓更喜欢快菜；③叶类蔬菜间作茄子和烟草可以诱集白粉虱	白粉虱、蛞蝓等
有机肥	底肥和追肥	①有机肥应腐熟，减少地下害虫；②减少蚜虫、螨类和粉虱等害虫	地下害虫、蚜虫、螨类等
栽培模式	推拉模式	①根据害虫对食物和颜色的喜好性建立诱集模式（拉）；②根据害虫对食物和颜色的不喜好性，建立趋避模式（推）	西花蓟马、白粉虱等
中耕除草	生长期实施	二斑叶螨为杂食性，减少替代食物	二斑叶螨等

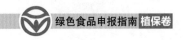

（续表）

农业措施	关键技术	实施要点	虫害
清洁田园	蔬菜收获后实施	①干净彻底； ②农田废弃物作为堆肥材料	蚜虫和螨类等
生草技术	多年生的果园和茶园	①选择适宜的生草种类； ②合理的种植密度和比例； ③适宜刈割，操控天敌	多种害虫

　　选育抗病虫品种是预防农作物病虫害比较经济有效的方法。生产实践证明不仅是不同的寄主植物，对病虫害的抗性、耐害性不同，就是同种寄主植物不同品种、品系，它们对各种病虫害都具有不同的抗性和耐害性。

　　栽培方式的改变可以预防病虫害发生，既然是建立绿色防控体系，就应该从顶层设计，基层改变。顶层设计就是围绕着绿色防控的目标，如何建立安全的体系，从生产安全到产品安全，栽培方式是有害生物控制的基础和根本，有害生物防治一定是建立在良好的栽培基础上。经过实践证明，轮作、间作、套种技术有利于提高生物多样性，有利于有害生物控制，就应该推广和应用。在叶类蔬菜研究中，我们发现平高畦种植有利于降低地面和蔬菜根茎部的湿度并改善小环境，减少根茎腐病和蛞蝓的发生，作为一项改进技术，适合在绿色和有机蔬菜种植中应用。

　　嫁接技术可有效地防止多种土传病害，克服设施连作障碍；能利用砧木强大的根系吸收更多的水分和养分；增强植株的抗逆性，起到促进生长、提高产量、改善品质的作用。在果菜上嫁接育苗逐步进入产业化，例如番茄砧木嫁接防治线虫，西瓜嫁接在葫芦砧木上可以预防西瓜枯萎病发生，黄瓜嫁接在云南黑籽南瓜上可以预防枯萎病；还有茄子的嫁接、甜瓜的嫁接、葡萄的嫁接、板栗的嫁接等。

组织培养技术是在人为创造的无菌条件下将生物的离体器官（如根、茎、叶、茎段、原生质体）、组织或细胞置于培养基内，并放在适宜的环境中，进行连续培养以获得细胞、组织或个体的技术。植物组织培养的原理是细胞全能性，也就是说每个植物细胞里都含有一整套遗传物质，只不过在特定条件下才会表达。

生草技术包括苹果园种植苜蓿防治红蜘蛛、柑橘园套作藿香蓟控制柑橘红蜘蛛为害等。生草技术作为一项土壤管理和病虫害控制技术得到普遍的认可，正在逐步推广应用。

2. 物理防治

病虫害防治主要物理措施详见表3-4和表3-5。

表3-4　病害防治主要物理措施

措施	关键时期	技术要点	病害
温汤浸种	种子播种前	播种前将种子在55℃温水中浸泡30分钟后播种	链格孢叶斑病、镰孢菌和细菌土传病害
高温闷棚	6—9月均可	①高温季节清除田间杂物及残株；②深翻土壤后全田灌水，保证田间湿润；③覆盖地膜及大棚膜，密闭棚室15～20天；④揭膜通气，施用微生物菌剂，正常栽培	土传及气传病害

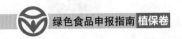

表 3-5　虫害防治主要物理措施

措施	技术要点	害虫种类	虫态
灯光诱杀	①高度：1.5 米左右； ②开灯时间； ③傍晚到凌晨； ④季节：夏季	夜蛾、黄曲条跳甲、金龟子等	成虫
性诱剂诱杀	在雄成虫羽化后	夜蛾、小菜蛾等	雄成虫
黄板诱杀	①黄板颜色：黄色至橘黄色； ②数量：每 10 米^{2}一块； ③方向：东西向； ④高度：蔬菜上方 10 厘米	有翅蚜虫、粉虱、潜叶蝇等	成虫
蓝板诱杀	①海蓝色蓝板效果好于其他颜色板； ②诱集剂以柠檬草油最佳	蓟马	成虫
糖醋液	①配比：糖∶醋∶酒∶水 = 2∶1∶0.5∶10； ②高度：蔬菜上方 20 厘米； ③ 10 ~ 15 天更换一次	鳞翅目和鞘翅目害虫	成虫
诱饵	①啤酒诱杀蛞蝓； ②炒香的玉米、大豆粉诱杀蛞蝓和蝼蛄等； ③凌晨及时检出害虫； ④及时更换诱饵	蛞蝓、蝼蛄等	成虫
防虫网	在作物定植前使用，要求严密、网眼适合，对于蓟马等使用密度大的防虫网	多种害虫	成虫

3. 生物防治

主要包括以虫治虫、以螨治螨、以菌治虫、以菌治菌，稻鸭或稻蟹共育、果园养鸡等立体种养等技术，青蛙、蟾蜍、燕子、啄木鸟等天敌保护利用技术等。其主要措施是保护和利用自然界害虫的天敌，繁殖优势天敌以控制病虫草害发生。

（1）虫害生物防治措施

以虫治虫技术：是指利用捕食性有益生物（螳螂、草蛉、瓢虫、蜘蛛等）和寄生性生物（寄生蜂、寄生蝇等）控制农作物虫害。目前天敌昆虫防治虫害较为成熟的主要措施见表3-6。

以螨治虫/螨：是指人工释放捕食螨来控制红蜘蛛、粉虱、蓟马等（表3-6）。

以微生物治虫技术：以微生物治虫技术主要指利用微生物（细菌、真菌、病毒）使害虫染病而死亡的方法。①细菌治虫。主要包括苏云金杆菌、球形芽孢杆南、枯草芽孢杆菌、蜡质芽孢杆菌、地衣芽孢杆菌、多黏类芽孢杆菌、短稳杆菌等。②真菌治虫。主要包括金龟子绿僵菌、球孢白僵菌、哈茨木霉菌、木霉菌、淡紫拟青霉、厚孢轮枝菌等。应用较广泛的真菌制剂是白僵菌、淡紫拟青霉等。病原菌以孢子或菌丝体从昆虫体壁侵入体内，以虫体的各种组织和体液为营养，随后虫体上长出菌丝，产生孢子，随风和水流进行传播。被真菌感染的害虫常出现食欲锐减，虫体萎缩，死亡后虫体僵硬、体表布满菌丝和孢子。真菌可有效控制鳞翅目、同翅目、膜翅目、直翅目等害虫。③病毒治虫。包括核型多角体病毒（NPV，如斜纹夜蛾核型多角体病毒）、质型多角体病毒（CPV，如松毛虫质型多角体病毒等）、颗粒体病毒（GV，如菜青虫颗粒体病毒）3类。主要感染鳞翅目、双翅目、膜翅目、鞘翅目等害虫的幼虫。

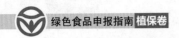

表3-6 天敌昆虫或捕食螨防治虫害的主要措施

天敌类型	天敌种类	虫害种类	关键时期
捕食性天敌昆虫	异色瓢虫	蚜虫、介壳虫、螨类、小菜蛾卵、粉虱等	害虫发生初期
	大草蛉	蚜虫、粉虱、叶螨、蓟马、介壳虫、斑潜蝇幼虫、叶蝉等	害虫发生初期
	中华草蛉	同大草蛉	同大草蛉
	东亚小花蝽	蓟马、蚜虫、小型鳞翅目幼虫等	害虫发生初期
	烟盲蝽	粉虱、蚜虫、小型鳞翅目幼虫等	害虫发生初期
	蠋蝽	棉铃虫、甜菜夜蛾、小菜蛾、菜粉蝶等鳞翅目害虫	害虫发生初期
寄生性天敌昆虫	丽蚜小蜂	烟粉虱、白粉虱	当温室大棚中刚见到粉虱时或者作物定植1周后,开始释放丽蚜小蜂
	烟蚜茧蜂	桃蚜、萝卜蚜、甘蓝蚜、瓜蚜	害虫发生初期
	螟黄赤眼蜂	棉铃虫、甜菜夜蛾、菜粉蝶、小菜蛾等	害虫发生初期
	松毛虫赤眼蜂	同螟黄赤眼蜂	同螟黄赤眼蜂
捕食螨	巴氏新小绥螨	蓟马、二斑叶螨、朱砂叶螨、粉虱	害虫低密度时或作物定植后不久释放
	胡瓜新小绥满	同巴氏新小绥螨	同巴氏新小绥螨

（续表）

天敌类型	天敌种类	虫害种类	关键时期
捕食螨	加州新小绥螨	叶螨、蓟马、茶黄螨、粉虱	作物定植后
	剑毛帕厉螨	覃蚊幼虫、蓟马、跳虫、腐食酪螨、线虫	新定植的作物；定植已经释放剑毛帕厉螨的作物
	津川钝绥螨	叶螨、粉虱、蓟马、跗线螨	害虫低密度时或作物定植后不久释放
	智利小植绥螨	二斑叶螨、朱砂叶螨	害虫发生初期

（2）病害生物防治措施

病害的主要生物防治措施见表3-7。

表 3-7　病害的主要生物防治措施

生防菌种类		病害种类	关键时期	技术要点
生防真菌	木霉菌	根腐病、立枯病、猝倒病、枯萎病、褐腐病、灰霉病、菌核病等	发病前或发病初期	①光照：日光诱导后，产孢效果较好；②湿度：木霉菌生命力在湿土中强于在干土中；③温度：产孢最适温度为25℃；④不能与含铜药剂及防治真菌药剂混用

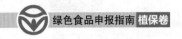

（续表）

生防菌种类	病害种类		关键时期	技术要点
生防真菌	淡紫拟青霉菌	枯萎病、根结线虫病等	播种前或发病前	①可进行拌种，对种子消毒； ②可处理苗床； ③将菌剂拌入育苗基质内处理基质； ④可施于种子或种苗根系附近； ⑤用水稀释成菌液灌根使用
生防细菌	芽孢杆菌	霜霉病、灰霉病、枯萎病、炭疽病、软腐病、线虫病等	发病前或发病初期	①与化学药剂进行复配使用可达到较好的防治效果； ②与其他微生物菌剂混用，能形成优势互补
	假单胞杆菌	枯萎病、病毒病、猝倒病、立枯病等	发病前或发病初期	①可进行种子处理； ②可与杀虫剂、杀菌剂混用；
生防放线菌	链霉菌	霜霉病、灰霉病、黑腐病等多种病害	发病前或发病初期	注意与不同机制杀菌剂轮换使用

三、绿色食品有害生物防控技术集成

按照绿色防控的概念和原理，绿色防控的基础是生物学、生态学和环境学，其目标是安全生产、安全产品、安全产业，因此将与绿色防控理念相同的技术进行组合，形成"一隔二驱三控四诱五防"技术体系。

（一）"一隔"

"一隔"是指物理隔离技术，主要包括以下3类。

1. 防虫网阻隔技术

防虫网是生产绿色蔬菜较好的覆盖材料，能够防止蚜虫、白粉虱、斑潜蝇、夜蛾等多种害虫的入侵，预防病毒病发生，同时保护天敌。一般使用20～30目的防虫网，可防止小菜蛾、菜青虫、斜纹夜蛾、蚜虫、潜叶蝇等害虫的侵入；水稻育秧期，覆盖50目防虫网，可预防飞虱、螟虫等害虫成虫侵入产卵为害和传毒，对预防南方水稻黑条矮缩病有较好效果。

2. 套袋技术

果实套袋具有防水、防虫、防病、防鸟、防农残、防日晒等功效。柑橘、梨树等果实套袋可预防吸果夜蛾为害，葡萄套袋可预防黑痘病、霜霉病为害。

3. 喷洒高脂膜技术

高脂膜为高级脂肪醇，本身不具备杀菌作用，喷洒在植物表面形成一层肉眼看不到的单分子膜，可保护作物不受外部病菌侵染，但透气透光，不会影响作物生长，起到防病作用。高脂膜对农作物霜霉病、白粉病等多种真菌病害有较好的防治效果，因其利用物理作用防病，所以致病菌不会产生抗药性。

（二）"二驱"

1. 驱避植物

驱避剂的作用正好与引诱剂相反。人类在与自然灾害作斗争的过程中，发现了天然的驱避剂——有些物质的气味对某些动物有驱避作用，这些物质就被称为驱避剂。可采取诱集和驱避组合的"推拉"模式防控有害生物（图3-3）。

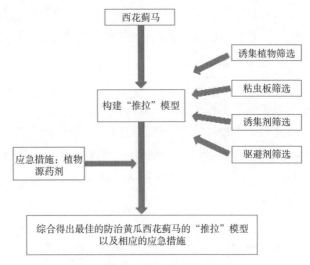

图 3-3 诱集和驱避组合的"推拉"模式

人们早已发现许多天然香料有驱虫作用，如薰衣草或薰衣草精油放在衣橱中可使衣物免受虫咬损坏，桑柑的驱虫效果也特别灵，香茅、肉桂和丁香也有出色的驱虫本领。将肉桂油和丁香油混合作为驱虫剂使用，在欧美民间已经有100余年的历史，对人安全无毒。万寿菊全身有一种刺鼻的气味，这种气味有神奇的驱虫效果。100余年前，欧美各国的居民们在花坛四周种上了万寿菊以防虫子的入侵，现在人们依然喜欢在住宅窗口种上几枝万寿菊，当万寿菊长得茂盛时，整个夏季室内的人就能免受蚊虫的骚扰了。我国的香料工作者也发现了许多植物精油具有优异的驱虫效果。云南省有一种野薄荷，人们曾把它采来当野菜食用，也用来治疥疮、漆疮、痈疽等，并可用作乌发剂。人们从这种野薄荷的茎叶中提取了一种具有清凉香气的精油，将其涂抹在皮肤上少许，就能有效地驱除蚊、蠓、蚋的叮咬。

广东、广西①、福建等地大量种植柠檬桉树，当地人摘取这种树的枝叶用来驱赶蚊虫。曾有报道，某地一个村子夏天没有蚊子，原因是村子到处都种着柠檬桉树。采集柠檬桉树叶用蒸馏法提取柠檬桉油，这是一种调香师非常熟悉的香料，主要成分是香茅醛，含量比从香茅草中提取的香茅油高1倍。香茅醛在酸性条件下转化成一种黏稠的混合物，这种混合物有良好的驱蚊作用。柠檬桉油贮存一段时间以后，里面也会慢慢产生这种混合物，可将它分离出来，用酒精稀释后涂抹在皮肤上，蚊子就不来叮咬了。这种混合物对皮肤没有毒性，也无刺激性。

现今常用作防疫避蚊的天然精油有桂皮油、丁香油、冬青油、桉叶油、薄荷油、香柏油、薰衣草油、樟脑油、橄榄油、香茅油、柠檬桉油、柠檬油、茴香油、野菊花油等。桉油精已经被开发成为一种植物源杀虫剂。

2. 驱避物

竹醋液：竹提取物对蚜虫、玉米象和棉铃虫有显著抑制取食和驱避作用。徐学农使用竹醋液对西花蓟马的忌避作用进行研究，研究发现竹醋液对西花蓟马成虫有驱避作用。

印楝素（Azadirachtin）：是一种从印楝种仁中提取的四环三萜类化合物，对多数害虫具有驱避作用，有相关研究发现，印楝乳油对小菜蛾、斜纹夜蛾有明显的拒食作用和田间防效。乔凤霞发现，印楝素与印楝乳油均对西花蓟马均有一定的忌避作用。印楝乳油的驱避效果更好一点，这可能与印楝乳油中的助剂有关；印楝素是纯品，见光易分解，因此药效降低。同时，印楝素也是一种具有潜力的植物源杀虫剂，可用于蔬菜、水果等经济作物。

避蚊胺（DEET）：别名待乙妥，又称敌避、敌避胺，是一种

---

① 广西壮族自治区，全书简称广西。

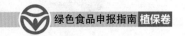

淡黄色的液油状物体，是常见的防蚊液成分，使用时喷洒于衣物，主要用于驱除蚊子。

3. 塑料薄膜和色带

利用昆虫对有色材料的忌避性进行防控。例如，利用蚜虫对银灰等颜色的负趋向性，采用银灰色塑料薄膜、黑色塑料薄膜包裹覆盖或向农田和森林喷洒大白粉乳液等避蚜，以减少蚜虫为害。杨菁还发现银色带、银色棒、白色带、铝色带对迁飞有翅蚜的忌避率为30%~70%，其中以银色带的效果最好，3个生长季的忌避率分别超过对照区64.5%~72.4%，对病毒病的终花期病情更正防治率为57.66%，病情指数较对照区减少68.04%。

（三）"三控"

1. 调控技术的科学依据

主要通过影响病虫害生长发育的因素进行调控，按照"病三角"或"虫三角"的关系，创造不利于病虫害发生的环境、营养和天敌条件，从作物品种栽培、环境的温湿度调控和天敌的相互作用，来协调控制病虫害的发生，达到通过生物（寄主）、生态（环境）和生防（天敌）控制病虫害的目的。

2. 寄主植物调控

选择适宜的寄主植物与作物相互配合，不同的寄主植物，对害虫的抗性、耐害性不同，即使是同种寄主植物不同品种、品系，它们对各种害虫也都具有不同的抗性和耐害性。例如，小籽棉对棉蚜、棉铃虫、棉红铃虫、棉红蜘蛛有极强的抗性；多毛的寄主对刺吸式口器的害虫有较强的抗性；不同品种的玉米对玉米螟有不同的耐害能力；不同品种的大豆也对大豆蚜虫表现出了不同的抗性和耐害性。必须在生产实践中寻找、发现、利用这种抗逆性，来达到控制害虫的目的。

根据植物抗性原理和病虫害对寄主植物的选择，可以采取培育或选育抗病虫作物品种、水旱轮作、间作、套作、果园生草、秸秆覆盖、嫁接防病、组培育苗等技术。

3. 生态环境调控

空气湿度与作物光合作用和蒸腾作用有密切关系。当相对湿度过低时，作物会以关闭小气孔方式控制蒸腾量，这样就会增大二氧化碳的扩散阻力，这时作物会因吸收二氧化碳不足而减弱了光合作用强度。如果湿度过低且气温又过高，作物会因大量失水而萎蔫，甚至死亡；如果相对湿度过高，又会导致温室内病虫害的滋生和蔓延；如果湿度过高，同时气温又较低（达到露点），又会在温室维护结构和覆盖材料上凝结大量水滴，进一步助长病害的发生和蔓延。一般大多数植物适宜的相对湿度范围在60%～85%，超过90%属于高湿环境，低于50%属于低湿环境，这两种情况均不利于植物生长发育，所以调控温室湿度具有重要意义。

温室内的空气湿度是由土壤水分的蒸发和植物体内水分的蒸腾，而在设施密闭情况下形成的。设施内作物由于生长势强，代谢旺盛，作物叶面积指数高，通过蒸腾作用释放出大量水蒸气，在密闭情况下会使棚室内水蒸气很快达到饱和，空气相对湿度比露地栽培高得多。高湿是设施环境的突出特点，在白天通风换气时，水分移动的主要途径是土壤→作物→室内空气→外界空气。早晨或傍晚温室密闭时，外界气温低，引起室内空气骤冷而发生"雾"。在设施内部，其绝对湿度是基本相同的，但由于设施内部温度差异的存在，其相对湿度分布差异非常大，因此，在冷的地方就会出现冷凝水。冷凝水的出现与积聚，会使设施作物的表面结露（图3-4）。结露是温室冬季的正常现象，也是诱发病害发生的关键因子。结露后，温室作物一些喜欢高湿的病害就开始活跃了，这是一些病害多发的原因，因为病原菌孢子的形成、传播、发芽、侵染等几个阶段，均需要较高的空气湿度，温室内高湿条件下的多发病害详见表3-8。因此，依靠调控结露点可以控制湿度，抑制病害发生。

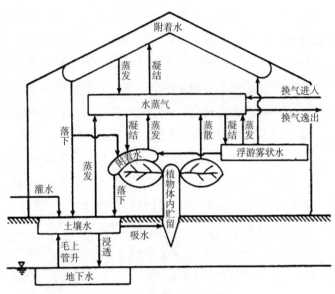

图3-4　温室内水分的移动

表3-8　温室内高湿条件下的多发病害

作物	多发病的种类
黄瓜	菌核病、灰霉病、霜霉病、疫病等
番茄	菌核病、灰霉病、条腐病、叶霉病等
青椒	灰霉病、菌核病、花叶病等
茄子	灰霉病、菌核病、花叶病等
草莓	芽枯病等

高湿的条件是病害发生的有利条件，但是，低温也是一些病害

发生的有利条件。例如，白粉病在10~25℃均可发生，能否流行，取决于湿度和寄主的长势，低湿可萌发，高湿萌发率明显提高。因此，雨后干燥或少雨，但田间湿度大，白粉病流行速度加快。较高的湿度有利于孢子萌发和侵入。高温干燥有利于分生孢子繁殖和病情扩展，尤其当高温干旱与高湿条件交替出现，又有大量白粉病菌源及感病的寄主，此病即流行。

同样，对害虫而言，具有相似的结果。例如，蚜虫发生与温湿度关系极为密切，它喜适温、干旱，温度在19~22℃有利于种群繁殖，由于它繁殖速度快，需要大量的营养物质，对作物的危害也大，严重时分泌大量的蜜露易引起病害。

红蜘蛛也是一样，活动的最适温度为25~35℃；最适相对湿度为35%~55%。高温干燥，是红蜘蛛猖獗为害的主要条件，因此，在西北干旱地区红蜘蛛和蚜虫发生都很严重。

4. 生物天敌调控

天敌调控包括自然繁殖和人工释放天敌，自然繁殖是农业措施，是提高植被多样化，增加天敌的生存环境和食物，达到增殖天敌的目的。人工释放的天敌是人工选育的优势天敌在人工环境条件下繁殖，并释放到农田的天敌种群。

农田生态系统是以农作物为核心，人为地对自然生态系统进行改造而建立起来的生态系统。人类为了达到自身的目的，通常是大面积种植单一品种的作物，结果导致系统中植被较单纯，群落结构趋于简单，群落的物种数和个体数都比自然生态系统中少，生物多样性低。

生物多样性理论主要集中在以下两种假说。

（1）天敌假说

天敌假说认为多样化的农田生态系统比纯作系统具有更为丰富和多样的害虫天敌，因而具有更强的控害能力。捕食者往往是多食性的，并能适应较宽的栖境。多样化的复杂环境正好能提供一系列的替代猎物和微栖境，由于不同时期和不同微栖境中均具有多种植食者可供捕食，因此在这种栖境中能形成相对稳定的、广谱的捕食者种群。专一性的捕食者种群也不太可能发生较大的波动，因为复杂环境所提供的避难所使得猎物能够逃避大规模的捕杀，因而保证了专一性捕食者持续的食物供应。再者，多样化的栖境为天敌成虫提供了许多重要的、纯作系统所不具备的辅助食物，如花蜜、花粉等，从而减少了天敌迁出或绝灭的可能性。另外，多作系统中天敌增强也可能是植物与天敌相互作用的结果。如具有野生植物栖境的农田生态系统往往具有更为多样的节肢动物物种，特别是天敌物种。这是由于毗连的野生植物为天敌提供特定作物所不具备的花粉、花蜜或无害（未受农药污染）的食物。Altieri（1984）发现与蚕豆或田芥菜混合种植的球芽甘蓝比纯作的球芽甘蓝具有更多种类的天敌，前者有6种捕食性天敌和8种寄生性天敌，后者仅各有3种。这种差异被认为是由于混合种植中，花、花蜜及替代猎物/寄主的存在而造成的。作物地边缘的野生植物、杂草或树林常常支持较大数量的天敌种群，在作物害虫发生期，这些天敌种群常作为天敌迁入作物地的源库而发挥作用。

（2）资源假说

资源假说认为特定植物组合可能对植食者发现和利用寄主植物的能力有直接影响。这些植物组合体可能掩盖植食昆虫赖以寻找寄主的视觉或嗅觉刺激，结果对寄主植物的侵染减少；或者改变生境内的微环境和植食者的运动行为，致使从寄主植物上迁出增大。这两种效应都使植食昆虫的侵染率降低，导致寄主植物上的害虫下降。混合种植影响害虫运动行为，使害虫从靶标作物上迁出。Risch（1981）在纯作南瓜和玉米/菜豆/南瓜的混合种植间对6种叶甲种群动态的研究表明，在至少包含一种非寄主植物（玉米）的混合种植中，单位面积上甲虫数量显著低于纯作地上的数量。对田间甲虫运动观测发现，这是由于甲虫更倾向于从混合种植中迁出。这显然是下列因素作用的结果：①甲虫避开被玉米荫庇的寄主；②玉米秆干扰了甲虫的运动；③甲虫停留在非寄主植物上的时间显著短于在寄主植物上的时间。但这些结果与天敌的作用没有关系，因为同期的调查表明两种系统间甲虫的寄生率和捕食率没有差异。Bach（1980）在对黄瓜甲虫的研究中也发现类似结果，发现黄瓜纯作地里的甲虫种群要显著地高于包括黄瓜和两种非寄主植物的混合种植地。纯作地里甲虫停留时间要比混作地里长，同时，这种差异是由于植物多样性本身造成的，而不是由寄主植物种植密度或植株大小引起的。很多研究没有控制寄主植物密度或大小上的差别，因而未能明确植食者数量在纯作和混作间的差异是由于植物多样性本身，还是由于多样性、密度和斑块大小等相互联系的复杂因素综合作用而引起的。混作中靶标作物上害虫种群下降有可能是由于混作中的其他植物所释放的化学物质对靶标作物上的主要害虫具有诱集或拒避作用。

（四）"四诱"

1. 光　诱

（1）原　理

昆虫趋光性是指昆虫通过其视觉器官（复眼和单眼）中的感光细胞对特定范围光谱产生感应而表现出定向活动的现象。多数种类的昆虫存在趋光行为，这对于寻找食物、异性交配和搜寻产卵场所等活动起着重要作用。不同昆虫对特定范围光谱的趋性有正负之分，趋向光为趋光性，避开光为避光性或负趋光性。了解昆虫对光的趋性有助于昆虫的研究和管理，加以利用便可应用于标本采集、检查检疫、害虫治理、昆虫的监测和预报等。

龟纹瓢虫成虫在340～605纳米波谱内其光谱趋光行为反应为多

峰型，在紫外线340纳米处峰最高，趋光反应率达21%，其他各峰依大小次序分别位于绿光524纳米、蓝光400～440纳米和483纳米处（陈晓霞等，2009）。蓟马*Caliothrips phaseoli*对紫外线的B波段（λ≤315纳米）有显著的趋性（Mazza等，2011）。

光的波长和强度能影响昆虫的光趋行为，例如，大草蛉成虫随光强增大，其ERG值呈近线性增大，弱光时无趋光性行为，趋光性反应率随光强增大而增大，反应曲线近似"J"形（张海强等，2009）。温度是影响趋光行为的重要因素，温度在一定范围内越高，趋性行为越强，当温度低于20℃，光对蚱蝉丧失诱集作用。

植物对趋光性影响在于昆虫趋光性源于植物的柔嫩部位、花等具有趋光性，经长期进化昆虫产生趋光性，以便于取食嫩枝条和花等营养部位，实验发现蚜虫成虫有翅型、无翅型以及各若虫形态都不影响其借助趋光性到达植物顶端的生长部位。

（2）常用的光诱方法

黑光灯：属于较早应用的一类特殊气体放电灯，可以释放出紫光和紫外光，可引诱对紫外光据有趋性的昆虫，被广泛应用于调查农林业昆虫种类、分布区、发生范围、发生世代数、发生期、发生量、种群消长规律、防治效果和监测害虫的疫情等方面。

高压汞灯：集害虫诱杀、测报和种类调查于一体，以特制的高压汞灯作为光源，辐射出能被昆虫感知的黄橙色光谱。高压汞灯是综合防治棉铃虫经济有效的措施之一，有较高的推广应用价值。

频振灯：突破了昆虫远距离无法感知光线的局限性，采用"近光远波"的方式对昆虫进行诱集，诱虫种类广泛，效果良好。研究表明频振式诱虫灯可诱杀的昆虫种类极广，灯下害虫达5目10科18种，其中对鳞翅目和鞘翅目害虫的诱集效果最好，分别占害虫总数的70.4%、18.0%，主要种类有斜纹夜蛾、甜菜夜蛾、小菜蛾、金龟科昆虫等，对半翅目害虫、双翅目害虫诱集效果一般；此外，频振式诱虫灯对天敌也具有杀伤作用，其中影响最大的为膜翅目昆虫，占天敌总数的57.6%，灯下益虫主要有赤眼蜂、金小蜂、姬蜂科等，其次为脉翅目、鞘翅目昆虫，分别占21.6%、18.4%。灯下益害虫比为1：9。

2. 色 诱

昆虫色趋性的本质是趋光性，所以防治日间活动的昆虫可以采用有色材料。不同波长的光及其组合体现出不同的颜色，因此不同种类、甚至相同种类不同阶段的昆虫对不同颜色的趋性程度存在差异。有色材料可诱集和趋避具有光趋性的害虫。

色板防治害虫的研究和应用现在已非常普遍，人们通常利用趋色性采用不同的色彩板诱集或监测害虫。昆虫对某些较为接近的颜色具有显著的趋性，即在一定范围内的颜色都有引诱作用，例如，西花蓟马对天蓝、黄、褐、紫4种颜色色板的趋性的研究显示，蓝色单一颜色色板对西花蓟马的诱集力显著高于其他3种颜色；颜色混配中，蓝：黄=5：1，诱集到的西花蓟马数量大于蓝色单一颜色色板。田间可以用蓝色单一颜色色板或是蓝：黄=5：1搭配色对西花蓟马进行诱集；可用黄色单一颜色色板对西花蓟马的暴发做预测预报。

有些颜色具有广谱引诱作用，尤其是黄色对很多昆虫都具有较强的引诱作用，利用黄板诱杀害虫是最常见的害虫防治手段。

不同种类的昆虫具有不同的最优趋性颜色。李建宇等（2009）测定了10种不同色板对4种作物8种害虫的引诱作用，得出黄色对桃蚜、桃小绿叶蝉、枇杷蚜虫、枇杷菱纹叶蝉和茶黑刺粉虱的引诱力均较其他色板的强；黄色和白色对黄曲条跳甲的引诱作用最强，而绿色对黄曲条跳甲也表现出一定的引诱作用；绿色对小菜蛾的引诱作用较强；10种色板对茶小绿叶蝉的引诱作用差异不显著。

通过趋性试验得出黄色粘板在烟田引诱美洲斑潜叶蝇效果最

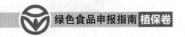

好，绿、白、红、黑4种色板的诱虫效果依次降低。

色板也可用来防治幼虫阶段具有趋色性的害虫，例如，斜纹夜蛾1龄幼虫对叶绿色、绿色和镉黄色有很高的趋性，对深红色、深蓝色、灰色、橙色、白色和黑色的趋性无显著差异并且诱虫数量明显少于前3种颜色，所以采用绿色和黄色色板可以用来诱杀斜纹夜蛾的幼虫（Singh和Saxena，2004）。

有色材料与信息素相结合。田间虫口密度较低时可单采用色板对田间害虫进行诱杀，鉴于色板的诱虫范围相对较小，害虫对色板的反射光无法感知，诱虫效果相对较差，最常见的解决方案是结合"诱芯"诱集目标害虫。诱芯对目的害虫具有强烈吸引效应，其成分多是昆虫性信息素、植物源次生代谢物等挥发性物质，弥散在色板周围，通过昆虫化学生态学原理扩大并增强色板的诱虫性能。这种结合技术方便、简单并且效果显著，例如，韩宝瑜等（2008）采用了茶毛虫性信息素和黄板联用的方法诱捕茶毛虫雄成虫，诱捕效率较单一使用色板有显著提高。

采用将植物源挥发物融合在色板黏着胶内的方式，利用以羧甲基纤维素钠和甘油为主要原料配制的水溶性胶黏着剂制作黄、蓝、绿3种粘板，以不加诱虫剂的粘板为对照，发现水溶性胶黏着剂色板对蔬菜地蚜总科害虫、葱蓟马、韭蛆成虫等有很好的诱杀作用，添加葱蒜提取物后对葱蓟马的诱杀效果更好（任向辉和王运兵，2008）。

非常遗憾的是，长期以来，有色材料的应用一直没有统一的颜色表达模式，给信息交流和生产带来了巨大的困难，对于颜色表达模式中的参数与色板诱虫效果之间的相关性分析也较少。如果在应用方面建立统一的颜色表达模式（色谱）对色板进行量化、规范化，有利于定量探明利用有色材料田间防治趋光害虫的内在规律性，以期定量、规范地采用颜色防治田间害虫。

3.性 诱

昆虫信息素因其具有高灵敏度、防治效果好、对环境友好、不伤害天敌等特点，成为害虫综合治理中无公害杀虫剂的重要支柱。昆虫信息素中的性信息素所制成的性诱剂，更是运用在种群监测、大量诱捕、干扰交配、配合治虫等方面。

性信息素和性诱剂用于监测虫情。阎云花等的研究表明，在棉铃虫发生期使用性信息素进行测报的结果准确可靠，要比黑光灯诱蛾法简便、灵敏。

为降低虫口，减少下一代为害，昆虫性信息素还用于诱集雌雄两性昆虫。其中人工合成的美国白蛾性诱剂可以进行成虫的大量诱杀。使用性信息素防治苹果小卷蛾，也取得了不错的防治效果。烟草甲信息素、印度谷螟信息素、谷蠹信息素和斑皮蠹信息素均能诱杀相应的害虫。在防治棉铃虫中使用性诱剂也有显著成效。

许多害虫求偶交配是依赖性信息素相互联络进行的。如果将雌雄昆虫间的这种交流破坏，那么害虫将无法交配和繁殖后代。干扰破坏交配俗称"迷向法"，即在田里设置性信息素散发器，使性信息素的气味遍布各处，导致雄虫难分真假，无法确认雌虫，是一种治虫新技术。黎教良等在防治甘蔗条螟中，使用迷向法取得成功。

将性信息素制成性诱剂和不育剂、细菌等配合使用，对于防治虫害也是具有意义的。利用性信息素将害虫引诱到合适地点，使其与不育剂、细菌等接触后离开，放任与其他昆虫接触、交配。这样，对其种群造成的损害比当场死亡要有更高的价值。赵博光等以大袋蛾为试验昆虫，用性信息素加核型多角病毒制成的橡皮头诱芯进行了风洞和林间试验，并证明其具有实用意义。

图3-5至3-8为常见的以性诱剂为诱芯的诱捕器。

图 3-5 三角型诱捕器

图 3-6 小船诱捕器

图 3-7 天牛诱捕器

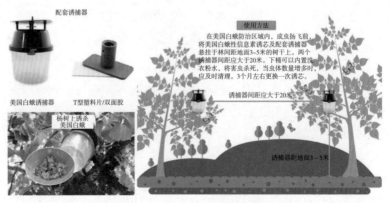

图 3-8 美国白蛾诱捕器

4.食 诱

植食性害虫对植物的茎、叶、花、果实、花蜜等进行取食，以此满足生存繁衍。昆虫生长发育所消耗的物质，以及合成昆虫信息素所需的前体物质均来自食物。植食性昆虫有其特定的取食目标，这是大自然中植物与昆虫长期协同进化的结果。

昆虫因拥有超强的感觉功能和不俗的活动能力，对植物的类型、生长期、器官等显现出进行选择偏好的行为，而这一行为是昆虫一系列的连锁反应。在尚未接触植物前，根据植物的光学、气味等特征，昆虫可以清楚地辨别寄主、非寄主植物。又因为昆虫嗅觉的灵敏度要大大优于视觉，因此向寄主靠近过程中，植食性昆虫的嗅觉起到了主导作用。昆虫可以通过植物挥发物辨别植物是否为寄主和非寄主，以及偏好寄主和非偏好寄主，且越是偏好的寄主所释放的挥发物对植食性昆虫的引诱作用越强烈。例如，黄花鸢尾是西花蓟马的诱集植物（图3-9）。所以，在植食性昆虫进行寄主选择的过程中，植物挥发物起决定性作用，并在极大程度上影响着昆虫的生长发育。

图3-9　黄花鸢尾是西花蓟马的诱集植物

植物挥发物包含了多种挥发性植物次生物质，是一种混合物。其主要有以下物质：绿叶挥发物等脂肪酸衍生物，单萜、半萜等萜烯类化合物，苯丙素、苯类化合物，以及乙醇、乙醛等一些强挥发性的短链化合物。植物挥发物的定性、定量组成与植物的种类、品种、生理阶段、器官、生长环境等密不可分。昆虫取食、病菌侵染、干旱、水涝等胁迫因素也会影响植物挥发物的释放。植物挥发物的释放向昆虫提供了食物的各种信息，而昆虫便可以根据植物挥发物的定性、定量组成，找到适合、喜爱的食物。虽然一种植物挥发物中一般会有几十种甚至上百种组分，可其中有用的信息物质通常却不到10种；并且植物挥发物的组成、相对比例甚至释放量都可以对引诱活性产生巨大影响。

对于植物和害虫之间的关系及害虫种群的形成，植物挥发物在其中也扮演着重要角色。很早人们就开始使用这些化学信息进行害虫防治，如今逐渐演变形成了诱集植物、诱剂等一系列的害虫行为调控技术。其中，食诱剂是人工合成的，用来模拟植物茎叶、花蕊等害虫食物气味的一种生物诱捕剂，一般对害虫雌雄个体都具引诱作用。20世纪初，人们用发酵糖水、糖醋酒液，模拟腐烂果实、植物伤口分泌液等植食性昆虫食物的气味，来进行害虫诱杀。这些传统食诱剂吸引的虫谱比较广泛，对多种鞘翅目、双翅目害虫有较强的诱杀作用，如糖醋酒液可诱杀螟蛾、实蝇、天牛、金龟等多种害虫。这些食诱剂在害虫的防控中发挥了不同程度的作用。随着科技的进步，特别是化学分析技术和昆虫嗅觉电生理技术的发展，人们对植食性害虫食物气味的认知不断深入。通过人工合成挥发性物质模拟出害虫偏好的食物气味，在此基础上研制出了实蝇、蓟马、夜蛾、甲虫等的新型食诱剂，并已在世界各地大规模应用。迄今为止，食诱剂已在实蝇、蓟马、夜蛾、甲虫等多种害虫的防治中均起到了重要作用，并成为害虫综合防治技术体系中不可缺少的组成部分。

因为害虫食诱剂针对性强，对环境没有负面影响且效果显著，同时能减少化学杀虫剂的使用，所以食诱剂为化学农药的减量使用和绿色防控等提供了新方向。

（五）"五防"

五防指在前面预防措施的基础上，当有害生物仍然无法得到有效控制时，必须采取极端的方法，将有害生物杀灭，保证作物的产量和品质。当然，一切药剂的使用必须是在遵守农药使用准则的基础上，且满足《食品安全全国家标准 食品中农药最大农残限量》（GB 2763）的要求。

1. 植物源药剂

（1）杀虫植物资源

防治蚜虫的植物：蓖麻壳、蓖麻叶、厚果鸡血藤、苦桃、独角莲、木通、蛇床子、细辛、野棉花、巴豆、斑蝥、半边莲、大蒜、洋葱、柏树叶、百部、野菖蒲根、藜芦、核桃皮、苦葛、皂荚、闹羊花、茶饼、生姜、红藤、烟叶、苦参、臭姑娘、鱼藤、鸡血藤、除虫菊、无患子等。

防治红蜘蛛的植物：细辛、蛇床子、洋金花、麻黄枝、木通、白术、苍子、巴豆、马齿苋、苦葛、山麻柳叶、辣蓼、独角莲、苦桃、苦楝、野棉花、石菖蒲、厚果鸡血藤、蓖麻壳、蓖麻叶、椿树皮、白果皮、黄花蒿、艾蒿、斑蝥、百部、闹羊花、藜芦、茶饼、生姜、红藤、无患子、皂角、雷公藤、鱼藤、除虫菊和河豚油等。

防治鳞翅目害虫的植物：雷公藤、鱼藤、白果皮、厚果鸡血藤、蛇床子、斑蝥和苦葛等。

具有增效作用的植物：芝麻素和细辛素对除虫菊有增效作用，芝麻加苦葛防控蚜虫有增效作用，蓖麻加肥皂防控二十八星瓢虫有增效作用，等等。

（2）植物源农药

印楝素制剂

印楝（*Azaditachta indica*）是一种喜温耐旱的速生常绿乔木，为楝科（Meliaceae）植物。印楝树的原生地在南亚及东南亚地区，用途广泛，可改善干热地区的荒漠化、提供木材及燃料、作为行道树木美化市容、作为天然植物杀虫剂的来源等，近30年非洲、美洲及大洋洲等地区纷纷引种。我国继1986年首次在海南省引种印楝成功后，又在云南省大面积引种。国内外的大量研究表明，在印楝的种子、叶、树皮、枝条等部位中含有多种杀虫活性物质，其中以印楝素的杀虫活性最强。

印楝素是复杂的大分子物质，分子结构中有许多能够发生反应的官能团，它易分解，不污染环境，有利于生态平衡和发展可持续农业，可应用于绿色食品生产。印楝素的应用不易产生抗药性，防治害虫范围广，而且它只对植食性昆虫起作用，对以昆虫为食的益虫、蜘蛛、蜜蜂以及高等动物无害。因此，印楝素引起了全世界范围内科学家们的广泛关注，并对其进行了深入系统的研究。

印楝素制剂杀虫活性具有广谱、高效、低毒、易降解、无残留、无抗药性等优点，且对脊椎动物无害，是目前最具开发潜力的植物源农药。

印楝素制剂对200多种昆虫具有很高的生物活性，包括重要的农业、卫生害虫。其主要作用：强烈的拒食作用；有效地扰乱昆虫的胚后发育；有效的绝育作用；在不干扰昆虫蜕皮的剂量下处理昆虫，使昆虫适应性降低。

苦参碱制剂

苦参（*Sophora flavescens*）是豆科槐属多年生草本植物，对土壤要求不严，在全国各地均有分布。苦参化学成分较多，主要为生物碱、黄酮类化合物。从苦参根、茎、叶、花中共分离出27种生物碱，主要为喹嗪啶（Quinolizidin）类生物碱，极少数为双哌啶类（Dipiperidinetype），苦参碱、氧化苦参碱、羟基苦参碱、槐果碱、氧化槐果碱等含量较多。其中，苦参碱具有较强的触杀活性。

近年来，苦参碱农药已被广泛应用于农作物病虫害的防治。在国内，苦参碱农药制剂有0.36%苦参碱水剂、0.5%苦参碱水剂、1%苦参碱醇溶液、1.1%苦参碱溶液和1.1%苦参碱粉剂等。这些植物源农药已应用于蔬菜、果树、茶叶和烟草等作物上，对害虫具有良好的防效。苦参碱制剂对人畜低毒，易降解，对环境安全，不伤害天敌，有利于生态平衡，适用于绿色和有机农业的害虫防治。

使用苦参碱防控害虫的研究结果示例如下。

对刺吸式口器害虫的防控：例如，以0.36%苦参碱水剂防控菜蚜，用量750毫升/公顷有较好的防效；用1.8%除虫菊素加苦参碱水乳剂800倍液防控红蜘蛛，防效高达97%以上；用8%苦参碱1 000倍液防控粉虱，在施药7天后防效为67.23%，表现出较好的持效性。

对咀嚼式口器害虫的防控：例如，用0.36%苦参碱水剂防控小白菜菜青虫，每公顷用量1 249.5~1 555.5毫升为宜；防治甘蓝菜青虫可采用0.38%苦参碱可溶性液剂1 000倍液喷雾。

对虹吸式口器害虫的防控：例如，防治甘蓝小菜蛾可使用1.8%苦参碱·阿维菌素乳油，每公顷喷施该药剂450克。

防治韭蛆：1%苦参碱可溶性液剂2千克兑水500千克顺垄灌根，是防治韭蛆经济有效的措施。

除虫菊素制剂

除虫菊属菊科，是一种多年生宿根性草本植物，在我国滇中地区广泛种植，并且成为当地的小春作物的主要品种，在每年的3月开始采集花朵并在实验室进行亚临界萃取，除虫菊的杀虫有效成分是除虫菊素（主要存在于花中），多用于防治表皮柔嫩的害虫。由于提取工艺复杂，植物内含量较低，制剂的含量较高，故生产成本高。为了降低成本，许多厂家在除虫菊素中加入便宜的苦参碱等，形成复合制剂，有效降低成本，也扩大了杀虫谱。

除虫菊素是世界公认的有机杀虫剂，且具有良好的效果，经过试验和应用，除虫菊素制剂的防治对象主要是叶菜蚜虫、潜叶蝇、潜叶蛾、菜青虫、小菜蛾等，其中，对潜叶蝇、潜叶蛾等难于防治的害虫具有良好的防治效果。由于其对光不稳定，在温室使用比露

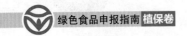

地效果更好。

防治时期：蚜虫发生初期；潜叶蝇的初发期；小菜蛾卵孵化至1龄幼虫。

技术要点：该药剂易光解，因此在傍晚或早晨施用，避免强光；提早防治，较化学药剂提前3~5天；最佳防效在施药后3天；虫口数量比较高时可以连续用药2~3次；安全间隔期为20天。

蛇床子素制剂

蛇床子素是从传统中草药蛇床子果实中提取的天然化合物，属香豆素类化合物，具有光敏特性。不仅具有香豆素的核心结构苯环和吡喃酮环，还有重要的农药活性基团——异戊烯结构。以触杀作用为主，胃毒作用为辅。通过体表渗透进入虫体内，抑制昆虫体壁和真菌细胞壁上的几丁质沉积，导致昆虫肌肉非功能性收缩，并可以作用于害虫的神经系统，此外，还可抑制病原菌孢子产生、萌发、黏附、入侵及芽管伸长，表现杀虫抑菌活性。对多种鳞翅目害虫、同翅目害虫均有良好的防治效果。

鱼藤酮制剂

鱼藤属豆科多年生藤本植物，杀虫有效成分主要存在于根部。鱼藤的杀虫主要成分是鱼藤酮，能影响害虫的呼吸，抑制谷氨酸脱氢酶的活性，使害虫死亡。主要用于咀嚼式口器害虫和蚜虫的防治，对黄曲条跳甲有独特的灭杀效果，可以在生产中广泛使用。

藜芦碱制剂

藜芦碱，商品名有虫敌、护卫鸟、赛丸丁、西伐丁、好螨星、瑟瓦定，为植物源杀虫剂，是多种生物碱的混合剂。制剂为草绿色或棕色透明液体。藜芦碱制剂是从喷嚏草的种子和白藜芦的根茎中提取的，对昆虫具触杀和胃毒作用。主要剂型有0.5%藜芦碱醇溶液制剂、0.5%可溶性液剂、1.8%水剂和5%~20%的粉剂。

藜芦碱主要杀虫作用机制是药剂经虫体表皮或吸食进入消化系

统后，造成局部刺激，引起反射性虫体兴奋，先抑制虫体感觉神经末梢，后抑制中枢神经而致害虫死亡。藜芦碱对人畜毒性低，残留低，不污染环境，药效可持续10天以上，比鱼藤酮和除虫菊的持效期长。用于蔬菜害虫防治有高效。

在蔬菜生产上的应用：①防治蚜虫。在不同蔬菜的蚜虫发生为害初期，应用0.5%醇溶液400～600倍液喷雾1次，持效期可达2周以上。可再轮换喷其他相同作用的杀虫剂，以达高效与延缓抗性产生的效果。②防治菜青虫。甘蓝处在莲座期或菜青虫处于低龄幼虫阶段为施药适期，可用0.5%醇溶液500～800倍液均匀喷雾1次，持效期可达2周。③防治棉铃虫。在棉铃虫卵孵化盛期施药，用0.5%可溶性液剂800～1 000倍液喷雾。④防治卷叶蛾。用0.5%醇溶液500～800倍液喷雾。

2. 微生物源药剂

微生物农药：主要包括细菌农药、真菌农药、病毒农药。

农用抗生素类农药：主要有杀虫剂、杀螨剂和杀菌剂。杀虫剂和杀螨剂包括阿维菌素、甲氨基阿维菌素苯甲酸盐、多杀霉素、浏阳霉素等。杀菌剂包括井冈霉素、申嗪霉素、农用链霉素、春雷霉素、多抗霉素、嘧啶核苷类抗菌素、嘧肽霉素、宁南霉素等。

3. 矿物源药剂

以天然矿物原料为主要成分的无机化合物称为矿物源药剂。它包括硫化物、铜化物、磷化物及石油等，如硫悬浮剂、石硫合剂、波尔多液、磷化铝及石油乳剂。用作杀虫剂、杀鼠剂、杀菌剂和除草剂。

（1）石硫合剂

石硫合剂作为农药使用已有悠久的历史，它具有杀菌力强、原料价格便宜、制造简单、使用方便等特点，故直至今日仍被广泛使用。石硫合剂是将硫黄和石灰在水中煮沸而制成的碱性红棕色透明液体，有效成分为多硫化钙，此外，还有硫代硫酸钙、亚硫酸钙、

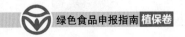

硫酸钙等。

在石硫合剂的有效成分中添加具有杀菌作用的马钱子、生姜、辣椒等，使石硫合剂的杀菌作用更强烈，用途更广泛。石硫合剂杀虫杀菌效果好，对棉花红蜘蛛、棉蚜、叶斑病等害虫，杀灭率达95%～100%；对葡萄毛毡病、白粉病、锈病，杀灭率达90%以上。同时，对梨、桃、苹果等的黑星病、白粉病、疮痂病、沙皮病等，也有较好的疗效。

梨园梨喀木虱越冬代成虫和第一代若虫发生关键时期，以石硫合剂和苦参碱为主要防治药剂，并添加一定比例的烟草浸提液，结果表明，对越冬代成虫，自制的石硫合剂防治效果好于市售的45%石硫合剂结晶。45%石硫合剂结晶与烟草浸提液2∶1混配后，防治效果由45.23%提高到67.16%；对第一代若虫，0.5%苦参碱与烟草浸提液4∶1混配后，防治效果提高了14.23%。试验结果证明，在石硫合剂和苦参碱中添加一定比例的烟草浸提液，可提高梨木虱越冬代成虫和第一代若虫的防治效果。

（2）波尔多液

波尔多液最早的保护性杀菌剂之一，具有毒性小（对人基本无毒）、价格低、污染少、使用安全方便、防治病害范围广等特点，且不产生抗药性。波尔多液喷在作物表面可形成一层薄膜，黏着力很强，不易被雨水冲刷，药性持久。波尔多液问世百多年以来，久用不衰，是多种作物病害防治的常用药。

波尔多液是用硫酸铜（蓝矾）、氧化钙（生石灰）和水配制而成。因生石灰和水的用量不同，可配成不同量式和不同倍数的波尔多液，供不同种类作物和不同季节选择使用。量式是指生石灰的用量，分为等量式、少量式、倍量式、多量式等类型，配制水的用量从100倍到400倍不等。应用时以在发病前或发病初期喷雾效果最好，一般连续喷洒2～4次即可控制病害。

4. 生物化学农药

生物化学农药包括生长调节剂、信息素/引诱剂。生长调节剂有芸苔素内酯、赤霉酸、吲哚乙酸、吲哚丁酸等。信息素/引诱剂有诱蝇羧酯、诱虫烯、梨小食心虫性迷向素等。

5. RNAi 农药

RNAi（RNA Interference）即RNA干涉，是近年来发现的在生物体内普遍存在的一种古老的生物学现象，是由双链RNA（dsRNA）介导的、由特定酶参与的特异性基因沉默现象，它在转录水平、转录后水平和翻译水平上阻断基因的表达。RNAi广泛存在于从真菌到高等植物、从无脊椎动物到哺乳动物各种生物中。作为一项新兴生物技术，RNAi有着广泛的应用前景。工程菌合成RNAi农药过程见图3-10。

RNAi既是一种了解基因功能的强大工具，又是很多生物的基因组所采用的一种在演化上来讲很古老的防卫方法。RNAi肯定有很多新用途，RNAi还可能具有一些仍然有待去发现的天然功能。

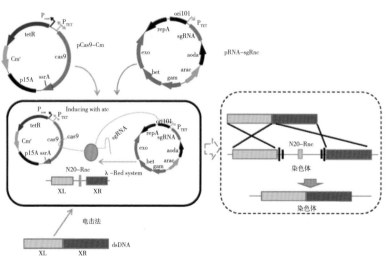

图3-10　工程菌合成RNAi农药

第四章

绿色食品允许使用的化学农药

一、杀虫杀螨剂

（一）微毒杀虫剂

1. 吡丙醚 Pyriproxifen

类型： 吡丙醚是日本住友化学公司开发的一种昆虫生长调节剂。

别名： 4-苯氧苯基（RS）-2-（2-吡啶基氧）丙基醚、蚊蝇醚。

毒性： 微毒，人体每日允许摄入量（ADI值）为0.1毫升/千克体重。

作用机理： 实验证明，本品对昆虫的抑制作用表现在影响昆虫的蜕变和繁殖。对斜纹夜蛾的毒理试验表明，蚊蝇醚在血淋巴中高浓度的存留，加速昆虫前胸腺向性激素的分泌；另外，由于蚊蝇醚能使昆虫缺少产卵所需的刺激因素，抑制胚胎发育及卵的孵化，或生成没有生活力的卵，从而有效地控制并达到害虫防治的目的。

农药登记的作物/场所/用途： 番茄、甘蓝、柑橘树、黄瓜、姜、蔷薇科观赏花卉、室内、室外、卫生、枣树。

防治对象： 同翅目、缨翅目、双翅目、鳞翅目害虫；蚊、蝇、蜚蠊、蚤等公共卫生害虫。

防治特点：吡丙醚是一种保幼激素类型的几丁质合成抑制剂，具有强烈的杀卵作用。它是防治甘薯粉虱及介壳虫的高效杀虫剂。将甘薯粉虱雌成虫置于用5毫克/千克本品处理的棉花叶片上，48小时后导致产生无生活力的卵。将这些雌成虫转移至未处理的叶片上，药剂仍可继续保持药效6天。用0.05～5.00毫克/千克的本品处理2龄幼虫，可完全阻止羽化为成虫。

说明：低剂量的本品即导致害虫化蛹阶段死亡，抑制成虫的形成。例如，0.3毫克/千克本品施用于家蝇，可抑制蛹的羽化。其杀虫活性比烯虫酯和除虫菊要高，持效期也较长，可达1个月以上。蚊蝇醚主要用来防治蚊、蝇、蠓镰、蚤等公共卫生害虫。尤其是其颗粒剂，可直接投入污水塘中或均匀撒布于蚊蝇滋生地表面，使用便利。

禁忌：原药大鼠急性经口LD_{50}>5 000毫克/千克，大鼠急性经皮LD_{50}>2 000毫克/千克，长期高剂量接触可引起肝肾毒性。

使用方法：参见具体产品的说明书。

2. 甲氧虫酰肼 Methoxyfenozide

类型：甲氧虫酰肼是第二代双酰肼类昆虫生长调节剂。

毒性：微毒，ADI值为0.1毫克/千克体重。

作用机理：为蜕皮激素激动剂，它引起鳞翅目幼虫停止取食，加快蜕皮进程，使害虫在成熟前因提早蜕皮而致死。

农药登记的作物：大葱、甘蓝、苹果树、水稻、烟草。

防治对象：甜菜夜蛾、甘蓝夜蛾、斜纹夜蛾、菜青虫、棉铃虫、金纹细蛾、美国白蛾、松毛虫、尺蠖及水稻螟虫等。

防治特点：对鳞翅目害虫具有高度选择杀虫活性，没有渗透作用及韧皮部内吸活性，主要通过胃毒作用致效，同时也具有一定的触杀及杀卵活性。

说明：施药时期掌握在卵孵化盛期或害虫发生初期。为防止抗

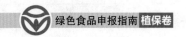

药性产生，害虫多代重复发生时建议与其他作用机理不同的药剂交替使用。

禁忌： 对鱼类毒性中等。

使用方法： 参见具体产品的说明书。

3. 灭幼脲 Chlorbenzuron

类型： 是一种苯甲酰基类杀虫剂，化学式为$C_{14}H_{10}C_{12}N_2O_2$，白色结晶。

别名： 又名灭幼脲Ⅲ号、苏脲Ⅰ号、一氯苯隆。

毒性： 微毒，ADI值为1.25毫克/千克体重。

作用机理： 通过抑制昆虫表皮几丁质合成酶和尿核苷辅酶的活性，来抑制昆虫几丁质合成从而导致昆虫不能正常蜕皮而死亡。影响卵的呼吸代谢及胚胎发育过程中的DNA和蛋白质代谢，使卵内幼虫缺乏几丁质而不能孵化或孵化后随即死亡；在幼虫期施用，使害虫新表皮形成受阻，延缓发育，或缺乏硬度，不能正常蜕皮而导致死亡或形成畸形蛹死亡。

农药登记的作物/用途： 甘蓝、观赏牡丹、林木、马尾松、苹果、苹果树、十字花科蔬菜、松树、桃树、卫生、杨树。

防治对象： 桃树潜叶蛾、茶黑毒蛾、茶尺蠖、菜青虫、甘蓝夜蛾、小麦黏虫、玉米螟，以及毒蛾类、夜蛾类等鳞翅目害虫。

防治特点： 主要表现为胃毒作用。对鳞翅目幼虫表现为很好的杀虫活性。对益虫和蜜蜂等膜翅目昆虫和森林鸟类几乎无害，但对赤眼蜂有影响。该类药剂被大面积用于防治桃树潜叶蛾、茶黑毒蛾、茶尺蠖、菜青虫、甘蓝夜蛾、小麦黏虫、玉米螟，以及毒蛾类、夜蛾类等鳞翅目害虫。同时，还发现用灭幼脲3号1 000倍液浇灌葱、蒜类蔬菜根部，可有效地杀死地蛆；对防治厕所蝇蛆、死水湾的蚊子幼虫也有特效。

说明： 本药于施药3～5天后药效才明显，7天左右出现死亡高峰。忌与速效性杀虫剂混配，使灭幼脲类药剂失去了应有的绿色、安全、环保作用和意义。

禁忌：不宜在桑园附近使用。

使用方法：参见具体产品的说明书。

4. 氰氟虫腙 Metaflumizone

类型：氰氟虫腙（BAS320I）是德国巴斯夫公司和日本农药公司联合开发的一种全新的化合物，属于缩氨基脲类杀虫剂。

别名：艾法迪。

毒性：微毒，ADI值为0.1毫克/千克体重。

作用机理：氰氟虫腙是一种全新作用机制的杀虫剂，通过附着在钠离子通道的受体上，阻碍钠离子通行，与菊酯类或其他种类的化合物无交互抗性。该药主要是通过害虫取食进入其体内发生胃毒杀死害虫，触杀作用较小，无内吸作用。

农药登记的作物/场所：白菜、甘蓝、观赏菊花、观赏菊花（保护地）、棉花、室内、水稻。

防治对象：稻纵叶螟、甜菜夜蛾、棉铃虫、棉红铃虫、菜粉蝶、甘蓝夜蛾、小菜蛾、菜心野螟、小地老虎、水稻二化螟等。

防治特点：氰氟虫腙可以广泛地防治鳞翅目和鞘翅目幼虫的所有生长阶段，而与使用剂量多少无明显的关系。大量的田间试验证实该药对鳞翅目和鞘翅目幼虫的所有生长阶段（也包括鞘翅目的成虫）都有很好的防治效果。因此氰氟虫腙可以被灵活地应用于害虫发生的所有时期。对鳞翅目和鞘翅目的卵及鳞翅目的成虫无效。

说明：田间试验表明，该药具有很好的持效性，持效在7～10天。

禁忌：暂无，氰氟虫腙对有益生物影响很小，由于低毒和对环境友好，氰氟虫腙被美国环保署（EPA）认定为减低风险的化合物（Reduced Risk Candidate）。

使用方法：参见具体产品的说明书。

（二）低毒杀虫剂

1. 吡虫啉 Imidacloprid

类型：吡虫啉是一种硝基亚甲基类内吸杀虫剂，属氯化烟酰类杀虫剂，又称为新烟碱类杀虫剂，化学式为$C_9H_{10}C_1N_5O_2$。

别名：高巧、亮巧、咪蚜胺、一遍净、大功臣、蚜虱净、蚜虱消、扑虱蚜、艾美乐、康福多、比丹、益达胺、灭虫精等。

毒性：低毒，ADI值为0.06毫克/千克体重。

作用机理：害虫接触药剂后，中枢神经正常传导受阻，使其麻痹死亡。

农药登记的作物/场所/用途：白菜、贝母、菠菜、草坪、草原、草莓、茶树、春小麦、大豆、冬小麦、冬枣、番茄、番茄（保护地）、甘蓝、甘蔗、柑橘树、柑橘园、观赏菊花、观赏月季、杭白菊、花生、黄瓜、黄瓜（温棚）、节瓜、韭菜、雷竹、梨树、莲藕、林木、萝卜、马铃薯、杧果树、棉花、木材、苹果树、茄子、芹菜、十字花科蔬菜、室内、室外、蔬菜、水稻、水稻秧田、松树、桃树、铁皮石斛、土壤、卫生、蚊虫滋生地、夏玉米、香蕉、小白菜、小葱、小麦、烟草、杨树、椰树、叶菜、玉米、枸杞、豇豆。

防治特点：广谱、高效、低毒、低残留，害虫不易产生抗性，并有触杀、胃毒和内吸等多重作用。产品速效性好，药后1天即有较高的防效，残留期长达25天左右。

防治对象：主要用于防治刺吸式口器害虫，如蚜虫、叶蝉、蓟马、粉虱、木虱、马铃薯甲虫和麦秆蝇等。

说明：药效和温度呈正相关，温度高，杀虫效果好。

禁忌：对蜜蜂和家蚕毒性大，不可污染养蜂、养蚕场所及相关水源。

使用方法：参见具体产品的说明书。

2. 吡蚜酮 Pymetrozine

类型：吡蚜酮属于吡啶类（吡啶甲亚胺类）或三嗪酮类杀虫剂，是非杀生性杀虫剂，分子式为$C_{10}H_{11}N_5O$。

别名：吡嗪酮。

毒性：低毒，ADI值为0.03毫克/千克体重。

作用机理：蚜虫或飞虱一接触到吡蚜酮几乎立即产生口针阻塞效应，立刻停止取食，并最终饥饿致死，而且此过程是不可逆转的。

农药登记的作物：菠菜、茶树、番茄、甘蓝、观赏花卉、观赏菊花、观赏月季、杭白菊、黄瓜、菊科观赏花卉、莲藕、马铃薯、棉花、芹菜、桑树、水稻、桃树、小麦、烟草、玉米、月季、茭白。

防治对象：甘蓝蚜、棉蚜、麦蚜、桃蚜、小绿斑叶蝉、褐飞虱、灰飞虱、白背飞虱、甘薯粉虱及温室粉虱等。

防治特点：选择性强，对某些重要天敌或益虫，如棉铃虫的天敌七星瓢虫，普通草蛉，叶蝉及飞虱科的天敌蜘蛛等益虫几乎无害；优良的内吸活性，叶面试验表明，其内吸活性（LC_{50}）是抗蚜威的2~3倍，是氯氰菊酯的140倍以上；可以防治抗有机磷和氨基甲酸酯类杀虫剂的桃蚜等抗性品系害虫。

说明：经吡蚜酮处理后的昆虫最初死亡率是很低的，昆虫"饥蛾"致死前仍可存活数日，且死亡率高低与气候条件有关。试验表明，药剂处理3小时内，蚜虫的取食活动降低90%左右，处理后48小时，死亡率可接近100%。

禁忌：吡蚜酮大鼠经口LD_{50}为5 820毫克/千克，大鼠经皮LD_{50}>2 000毫克/千克。

使用方法：参见具体产品的说明书。

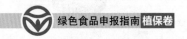

3. 虫螨腈 Chlorfenapyr

类型：虫螨腈是一种杂环类农药，白色固体，化学式为$C_{15}H_{11}BrClF_3N_2O$，是新型吡咯类化合物。

别名：除尽、专攻、溴虫腈。

毒性：低毒，ADI值为0.03毫克/千克体重。

作用机理：作用于昆虫体内细胞的线粒体上，通过昆虫体内的多功能氧化酶起作用，主要抑制二磷酸腺苷（ADP）向三磷酸腺苷（ATP）的转化。三磷酸腺苷贮存细胞维持其生命机能所必需的能量。该药具有胃毒及触杀作用，在叶面渗透性强，有一定的内吸作用。

农药登记的作物/场所：茶树、大白菜、大葱、豆角、甘蓝、柑橘树、观赏菊花、黄瓜、姜、节瓜、芥蓝、韭菜、梨树、木材、苹果、苹果树、茄子、十字花科蔬菜、室内、土壤、小白菜、杨树、豇豆。

防治对象：小菜蛾、菜青虫、甜菜夜蛾、斜纹夜蛾、菜螟、菜蚜、斑潜蝇、蓟马等多种蔬菜害虫。

防治特点：广谱性杀虫、杀螨剂；兼有胃毒和触杀作用；与其他杀虫剂无交互抗性；在作物上有中等残留活性；在营养液中经根系吸收有选择性内吸活性；对哺乳动物经口毒性中等，经皮毒性较低；有效施药量低（100克有效成分/公顷）。

说明：每茬菜最多只允许使用2次，以免产生抗药性；在十字花科蔬菜上的安全间隔期暂定为14天，在黄瓜、莴苣、烟草、瓜菜上应谨慎使用。

禁忌：对鱼有毒，不能将药液直接撒到水及水源处。

使用方法：参见具体产品的说明书。

4. 除虫脲 Diflubenzuron

类型：属灭幼脲类杀虫剂，是于20世纪70年代发现的昆虫生长调节剂。

别名：敌灭灵。

毒性：低毒，ADI值为0.02毫克/千克体重。

作用机理：抑制昆虫表皮的几丁质合成，同时对脂肪体、咽侧体等内分泌和腺体有损伤破坏作用，从而妨碍昆虫的顺利蜕皮变态。

农药登记的作物：茶树、甘蓝、柑橘树、荔枝树、林木、棉花、苹果树、森林、十字花科蔬菜、松树、小麦、杨树、玉米。

防治对象：菜青虫、小菜蛾、甜菜夜蛾、斜纹夜蛾、金纹细蛾、桃线潜叶蛾、柑橘潜叶蛾、黏虫、茶尺蠖、棉铃虫、美国白蛾、松毛虫、卷叶蛾、卷叶螟等。

防治特点：除虫脲是一种特异性低毒杀虫剂，属苯甲酰类，对害虫具有胃毒和触杀作用，通过抑制昆虫几丁质合成，使幼虫在蜕皮时不能形成新表皮，虫体成畸形而死亡，但药效缓慢。

说明：该药对鳞翅目害虫有特效。使用安全，对鱼、蜜蜂及天敌无不良影响。

禁忌：对甲壳类生物（虾、蟹幼体）有害，应注意避免污染养殖水域。

使用方法：参见具体产品的说明书。

5. 啶虫脒 Acetamiprid

类型：啶虫脒属氯化烟碱类化合物，其化学名称为N-（N-氰基-乙亚胺基）-N-甲基-2-氯吡啶-5-甲胺，化学式为$C_{10}H_{11}CIN_4$，啶虫脒是一种新型杀虫剂。

别名：七卡、比虫清、乙虫脒、力杀死、蚜克净、乐百农、赛特生、农家盼等。

毒性：低毒，ADI值为0.07毫克/千克体重。

作用机理：作用于昆虫神经系统突触部位的烟碱乙酰胆碱受

体，干扰昆虫神经系统的刺激传导，引起神经系统通路阻塞，造成神经递质乙酰胆碱在突触部位的积累，从而导致昆虫麻痹，最终死亡。

农药登记的作物/场所：菠菜、茶树、大白菜、大葱、冬枣、番茄、甘蓝、柑橘、柑橘树、黄瓜、黄瓜（保护地）、节瓜、金银花、莲藕、绿化景观椰子树、萝卜、棉花、苹果、苹果树、蔷薇科观赏花卉、茄子、芹菜、十字花科蔬菜、室内、水稻、西瓜、小白菜、小麦、烟草、豇豆。

防治对象：蚜虫、飞虱、蓟马、部分鳞翅目害虫等。

防治特点：本品是一种新型广谱且具有一定杀螨活性的杀虫剂，为土壤和枝叶的系统杀虫剂。广泛用于水稻、蔬菜、果树、茶叶的蚜虫、飞虱、蓟马、部分鳞翅目害虫等的防治。

说明：在pH值=7的水中稳定；当pH值=9时，于45℃逐渐水解，在日光下稳定。

禁忌：残液严禁倒入河中，切勿误服，万一误服，应立即催吐并送医院对症治疗。

使用方法：参见具体产品的说明书。

6. 氟虫脲 Flufenoxuron

类型：氟虫脲为苯甲酰脲类昆虫生长调节剂，可由异氰酸-2，6-二氟苯甲酰酯与相应的邻氟对苯氧基苯胺反应制取。

别名：氟芬隆、1-[2-氟-4-（2-氯-4-三氟甲基苯氧基）苯基]-3-（2,6-二氟苯甲酰基）脲。

毒性：低毒，ADI值为0.04毫克/千克体重。

作用机理：抑制几丁质合成，对未成熟的螨和昆虫的效果较好。

农药登记的作物：柑橘、苹果。

防治对象：苹果、柑橘等果树，以及蔬菜、棉花等植物上的害虫、害螨，对叶螨类、锈螨类（锈蜘蛛）、潜叶蛾、小菜蛾、菜青虫、棉铃虫、食心虫类、夜蛾类及蝗虫类等害虫均具有很好的防治效果。

防治特点：本品属苯甲酰脲类杀虫剂，是几丁质合成抑制剂，其杀虫活性、杀虫谱和作用速度均具特色，并有很好的叶面滞留性。尤其对未成熟阶段的螨和害虫有高活性，广泛用于柑橘、棉花、葡萄、大豆、果树、玉米和咖啡上，防治植食性螨类（刺瘿螨、短须螨、全爪螨、锈螨、红叶螨等）和许多其他害虫，并有很好的持效作用，对捕食性螨和昆虫安全。

说明：由于该药杀灭作用较慢，所以施药时间要较一般杀虫、杀螨剂提前2~3天。防治钻蛀性害虫在卵孵化盛期至幼虫蛀入作物前施药；防治害螨时宜在幼螨、若螨盛发期施药。

禁忌：不宜和碱性药剂混用，可以间隔开施药。

使用方法：参见具体产品的说明书。

7. 氟啶虫胺腈 Sulfoxaflor

类型：氟啶虫胺腈为砜亚胺杀虫剂，是一种作用于昆虫的神经系统的杀虫剂。

别名：可立施、特福力、XDE-208。

毒性：低毒，ADI值为0.05毫克/千克体重。

作用机理：作用于烟碱类乙酰胆碱受体（nAChR）内独特的结合位点而发挥杀虫功能。

农药登记的作物：白菜、甘蓝、柑橘树、黄瓜、马铃薯、棉花、苹果树、葡萄、水稻、桃树、西瓜、小麦。

防治对象：水稻黑尾叶蝉、褐飞虱、灰飞虱、白背飞虱、椿象、蚜虫。

防治特点：①杀虫方式多样。氟啶虫胺腈可通过直接接触杀死靶标害虫，具有触杀作用；氟啶虫胺腈具有渗透性，在植物叶片正面施药，可渗透到植物叶片背面杀死靶标害虫；氟啶虫胺腈具有内吸传导性，可在植物体内通过木质部由下向上传导到新生组织叶片；氟啶虫胺腈具有胃毒作用。②速效性快、持效期长。室内试验表明，药后2小时蚜虫死亡率97%，药后4小时，蚜虫死亡率99%。大田试验表明，药后24小时蚜虫防效86%，药后3天蚜虫防效87%，药后14天蚜虫防效83%。③存在交互抗性。对许多新烟碱类杀虫剂产生抗性的Q烟粉虱（英国洛桑试验），对吡虫啉有很强抗性的B烟粉虱（陶氏益农试验），对吡虫啉有抗性的褐飞虱（陶氏益农），对多抗桃蚜、多抗棉花烟粉虱等很可能存在交互抗性。氟啶虫胺腈被杀虫剂抗性行动委员会（IRAC）认定为唯一的Group 4C类全新有效成分。它可以与多种杀虫剂进行轮换使用，如氨基甲酸酯、有机磷、拟除虫菊酯、阿维菌素、吡蚜酮、氟啶虫酰胺。④耐雨水冲刷。药后2小时遇雨不影响药效。⑤绿色无公害。无生殖毒性，无致突变作用，无致畸作用，无致癌作用，无神经毒作用。⑥环保。土壤中可被微生物迅速分解，无残留，不会污染地下水及地表水，在空气中的存在水平非常低，不会在动物脂肪组织内累积。

说明：关于安全间隔期，推荐水稻为21天，黄瓜为3天，棉花为21天，考虑到抗性管理的需要，每个作物周期最多使用2次。

禁忌：①可立施，直接喷施到蜜蜂身上对蜜蜂有毒，在蜜源植物和蜂群活动频繁区域，在施用完药剂且作物表面药液彻底干后，才可以放蜂。②禁止在荷塘等水体内清洗施药器具，不可污染水体，远离河塘等水体施药。③因氟啶虫胺腈可被土壤微生物迅速降解，虽然持效期非常长，也不可用于土壤处理或拌种使用。

使用方法：参见具体产品的说明书。

8. 氟啶虫酰胺 Flonicamid

类型：氟啶虫酰胺是一种新型低毒吡啶酰胺类昆虫生长调节剂

类杀虫剂，2007年获得我国农药产品临时登记证，制剂为10%水分散粒剂。

别名：N-氰甲基、（三氟甲基）烟酰胺。

毒性：低毒，ADI值为0.07毫克/千克体重。

作用机理：除具有触杀和胃毒作用，还具有很好的神经毒剂和快速拒食作用。蚜虫等刺吸式口器害虫取食吸入带有氟啶虫酰胺的植物汁液后，会被迅速阻止吸汁，1小时之内完全没有排泄物出现，最终因饥饿而死亡。

农药登记的作物：茶树、甘蓝、黄瓜、马铃薯、苹果、苹果树、水稻、桃树、西瓜、枣树。

防治对象：蚜虫等各种刺吸式口器害虫。

防治特点：对各种刺吸式口器害虫有效，并具有良好的渗透作用。它可从根部向茎部、叶部渗透，但由叶部向茎、根部渗透作用相对较弱。该药剂通过阻碍害虫吮吸作用而致效。害虫摄入药剂后很快停止吮吸，最后饥饿而死。据电子的昆虫吮吸行为（EMIF）解析，本剂可使蚜虫等吮吸性害虫的口针组织无法插入植物组织而致效。

说明：本品外观为白色无味固体粉末，对热稳定。该药剂对水生动植物无影响。

禁忌：暂无。

使用方法：参见具体产品的说明书。

9. 氟铃脲 Hexaflumuron

类型：氟铃脲属苯甲酰脲杀虫剂，是一种溶于丙酮、二氯甲烷，化学性质稳定的化学品。

别名：盖虫散、六伏隆。

毒性：低毒，ADI值为0.02毫克/千克体重。

作用机理：几丁质合成抑制剂。

农药登记的作物/场所/用途： 甘蓝、韭菜、棉花、木材、森林、十字花科蔬菜、室内、土壤、卫生、杨树。

防治对象： 菜青虫、小菜蛾、甜菜夜蛾、甘蓝夜蛾、烟青虫、棉铃虫、金纹细蛾、潜叶蛾、卷叶蛾、造桥虫、桃蛀螟、刺蛾类、毛虫类等。

防治特点： 是新型酰基脲类杀虫剂，除具有其他酰基脲类杀虫特点外，杀虫谱较广，特别对棉铃虫属的害虫有特效，对舞毒蛾、天幕毛虫、冷杉毒蛾、甜菜夜蛾、谷实夜蛾等夜蛾科害虫效果良好，对螨无效。击倒力强，杀虫效果比其他酰基脲要迅速，具有较高的接触杀卵活性，可单用也可混用。

说明： 用于防治棉铃虫、红铃虫在卵孵盛期，幼虫蛀入蕾、铃之前，用5%乳油1 500～2 000倍液喷雾。

禁忌： 高温时要注意剂量，特别是六七月温度高，阳光大，尽量少用或不用，稀释倍数低于1 000倍（5%乳油），在棉花上用多了会产生药害，特别是与辛硫磷在一起混配。

使用方法： 参见具体产品的说明书。

10. 高效氯氰菊酯 Beta-cypermethrin

类型： 高效氯氰菊酯是拟除虫菊酯类杀虫剂。

别名： 戊酸氰醚酯。

毒性： 低毒，ADI值为0.02毫克/千克体重。

作用机理： 通过与害虫钠通道相互作用而破坏神经系统的功能。

农药登记的作物/场所/用途： 菜豆、草地、草原、茶树、大白菜、大豆、番茄、番茄（保护地）、甘蓝、柑橘、柑橘树、观赏菊花、果菜、黄瓜、黄瓜（保护地）、火龙果、韭菜、辣椒、梨树、荔枝、荔枝树、林木、马铃薯、棉花、苹果、苹果树、十字花科蔬菜、室内、室外、蔬菜、松树、滩（草）地、滩涂、桃树、卫生、小白菜、小麦、烟草、叶菜、玉米、枸杞、豇豆。

防治对象：棉蚜、蓟马、棉铃虫、红铃虫、菜青虫、小菜蛾、菜蚜、柑橘潜叶蛾、柑橘红蜡蚧、茶尺蠖、烟青虫、各种松毛虫、杨树舟蛾、美国白蛾、卫生害虫。

防治特点：高效氯氰菊酯是一种拟除虫菊酯类杀虫剂，生物活性较高，是氯氰菊酯的高效异构体，具有触杀和胃毒作用。杀虫谱广、击倒速度快，杀虫活性较氯氰菊酯高。

说明：高效氯氰菊酯没有内吸作用，喷雾时必须均匀、周到。安全采收间隔期一般为10天。

禁忌：对鱼、蜜蜂和家蚕有毒，不能在蜂场和桑园内及其周围使用，并避免药液污染鱼塘、河流等水域。

使用方法：参见具体产品的说明书。

11. 甲氨基阿维菌素苯甲酸盐

类型：甲氨基阿维菌素苯甲酸盐是一种新型高效半合成抗生素杀虫剂，分子式为$C_{56}H_{81}NO_{15}$，分子量为1 008.240，白色或浅黄色晶状粉末。

别名：甲维盐。

毒性：制剂低毒，ADI值为0.000 5毫克/千克体重。

作用机理：阻碍害虫运动神经。

农药登记的作物/场所/用途：草地、草坪、茶树、大豆、甘蓝、甘蓝田、柑橘树、观赏菊花、黄瓜、芥蓝、林木、马尾松、棉花、苹果树、十字花科蔬菜、食用菌、室内、水稻、松树、卫生、小白菜、烟草、杨树、玉米。

防治对象：螨虫等害虫。

防治特点：甲氨基阿维菌素苯甲酸盐是一种微生物源低毒杀虫杀螨剂，是在阿维菌素的基础上合成的高效生物药剂，具有活性高、杀虫谱广、可混用性好、持效期长、使用安全等特点，作用方式以胃毒为主，兼有触杀作用。

说明：一般作物的安全采收间隔期为7天。

禁忌：不要在鱼塘、蜂场、桑园及其周围使用，药液不要污染池塘等水域。对蜜蜂有毒，不要在果树开花期使用。

使用方法：参见具体产品的说明书。

12. 甲氰菊酯 Fenpropathrin

类型：甲氰菊酯是一种拟除虫菊酯类杀虫杀螨剂，化学式为$C_{22}H_{23}NO_3$，中等毒性，具有触杀、胃毒和一定的驱避作用，无内吸、熏蒸作用。

别名：灭扫利、中西农家庆等。

毒性：低毒，ADI值为0.03毫克/千克体重。

作用机理：作用于昆虫的神经系统，使昆虫过度兴奋、麻痹而死亡。

农药登记的作物：茶树、大豆、甘蓝、柑橘、柑橘树、棉花、苹果、苹果树、蔷薇科观赏花卉、十字花科蔬菜、十字花科叶菜、小麦。

防治对象：叶螨类、瘿螨类、菜青虫、小菜蛾、甜菜夜蛾、棉铃虫、红铃虫、茶尺蠖、小绿叶蝉、潜叶蛾、食心虫、卷叶蛾、蚜虫、白粉虱、蓟马及盲蝽等多种害虫、害螨。

防治特点：该药杀虫谱广，击倒效果快，持效期长，其最大特点是对多种害虫和多种叶螨同时具有良好的防治效果，特别适合在害虫、害螨并发时使用。

说明：甲氰菊酯主要通过喷雾防治害虫、害螨，在卵盛期至孵化期、害虫害螨发生初期或低龄期用药防治效果好。

禁忌：该药对鱼、蚕、蜂高毒，避免在桑园、养蜂区施药，避免药液流入河塘。

使用方法：参见具体产品的说明书。

13. 抗蚜威 Pirimicarb

类型：抗蚜威属杀蚜虫剂。

别名：辟蚜雾。

毒性：低毒，ADI值为0.02毫克/千克体重。

作用机理：触杀、熏蒸和叶面渗透作用。

农药登记的作物：甘蓝、十字花科蔬菜、小麦、烟草。

防治对象：除棉蚜以外的所有蚜虫。

防治特点：是选择性强的杀蚜虫剂，能有效防治除棉蚜以外的所有蚜虫，对有机磷产生抗性的蚜虫亦有效。杀虫迅速，残效期短。

说明：对作物安全，不伤天敌，是综合防治的理想药剂。

禁忌：使用时如不慎中毒，应立即就医，肌肉注射1～2毫克硫酸颠茄碱。

使用方法：参见具体产品的说明书。

14. 硫酰氟 Sulfuryl fluoride

类型：硫酰氟是一种无机化合物，其化学式为SO_2F_2，常温常压下为无色无味的气体。

别名：氟氧化硫。

毒性：低毒，ADI值为0.01毫克/千克体重。

作用机理：主要损害中枢神经系统，引起惊厥。

农药登记的作物/场所/用途：草莓、堤围、黄瓜、黄瓜（保护地）、集装箱、建筑物、姜、林木、棉花、木材、土坝、卫生、文史档案及图书、衣料、原粮、种子。

防治对象：赤拟谷盗、黑皮蠹、烟草甲、谷象、麦蛾、天牛、粉螟、黏虫、粉蠹等。

防治特点：由于硫酰氟具有扩散渗透性强、广谱杀虫、用药量省、残留量低、杀虫速度快、散气时间短、低温使用方便、对发芽率没有影响和毒性较低等特点，越来越广泛地应用于仓库、货船、集装箱、建筑物、水库堤坝，以及白蚁、园林越冬害虫、活树蛀干性害虫的防治。

说明：用药量在20～60克/米^3，密闭熏蒸2～3天，杀虫效果均能达到100%。尤其是对昆虫胚后期虫态，杀虫时间比甲基溴短，用药量较甲基溴低，散气时间比甲基溴快。

禁忌：该物质对环境有危害，应特别注意对水体的污染。

使用方法：参见具体产品的说明书。

15. 螺虫乙酯 Spirotetramat

类型：螺虫乙酯是季酮酸类化合物，分子式为$C_{21}H_{27}NO_5$。

别名：亩旺特。

毒性：低毒，ADI值为0.05毫克/千克体重。

作用机理：独特的内吸性能可以保护新生茎、叶和根部，防止害虫的卵和幼虫生长。

农药登记的作物：番茄、甘蓝、柑橘、柑橘树、观赏菊花、黄瓜、辣椒、梨树、苹果树、蔷薇科观赏花卉、桃树、西瓜、香蕉。

防治对象：蚜虫、蓟马、木虱、粉蚧、粉虱和介壳虫等。

防治特点：新杀虫剂螺虫乙酯是季酮酸类化合物，与Bayer公司的杀虫杀螨剂螺螨酯（Spirodiclofen）和螺甲螨酯（Spiromesifen）属同类化合物。螺虫乙酯具有独特的作用特征，是具有双向内吸传导性能的现代杀虫剂之一。该化合物可以在整个植物体内向上向下移动，抵达叶面和树皮，从而防治如生菜和白菜内叶上，以及果树皮上的害虫。

说明：防治柑橘树介壳虫可使用240克/升螺虫乙酯4 000～5 000倍液喷雾；防治柑橘树红蜘蛛可使用240克/升螺虫乙酯4 000～5 000倍液喷雾。

禁忌：暂无。

使用方法：参见具体产品的说明书。

16. 氯虫苯甲酰胺 Chlorantraniliprole

类型：创新型杀虫剂。

别名：3-溴-N-[4-氯-2-甲基-6-（甲氨基甲酰基）苯]-1-（3-氯吡啶-2-基）-1H-吡唑-5-甲酰胺。

毒性：低毒，ADI值为2毫克/千克体重。

作用机理：结合昆虫体内的鱼尼丁受体，抑制昆虫取食，引起虫体收缩，最终导致害虫死亡。

农药登记的作物：菜用大豆、草坪、大豆、番茄、甘蓝、甘薯、甘蔗、花椰菜、姜、辣椒、马铃薯、棉花、苹果、苹果树、水稻、西瓜、小白菜、小青菜苗床、烟草、玉米、茭白、豇豆。

防治对象：对鳞翅目的夜蛾科、螟蛾科、蛀果蛾科、卷叶蛾科、粉蛾科、菜蛾科、麦蛾科、细蛾科等均有很好的控制效果，还能控制鞘翅目象甲科、叶甲科，双翅目潜蝇科，同翅目烟粉虱等多种非鳞翅目害虫。

防治特点：高效广谱的鳞翅目、主要甲虫和粉虱杀虫剂，在低剂量下就有可靠和稳定的防效，使害虫立即停止取食，药效期更长，防雨水冲洗，在作物生长的任何时期提供即刻和长久的保护。

说明：为避免该农药抗药性的产生，一季作物或一种害虫宜使用2~3次，每次间隔时间在15天以上。

禁忌：暂无。

使用方法：参见具体产品的说明书。

17. 灭蝇胺 Cyromazine

类型：本药剂为1,3,5-三嗪类昆虫生长调节剂，对双翅目幼虫有特殊活性，可以诱使双翅目幼虫和蛹在形态上发生畸变，成虫羽化不全或受抑制。

别名：环丙氨嗪。

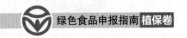

毒性：低毒，ADI值为0.06毫克/千克体重。

作用机理：使双翅目昆虫幼虫和蛹在形态上发生畸变，成虫羽化不全或受抑制。

农药登记的作物：菜豆、大葱、花卉、黄瓜、黄瓜（保护地）、姜、韭菜。

防治对象：蝇类害虫。

防治特点：该药具有触杀和胃毒作用，并有强内吸传导性，持效期较长，但作用速度较慢。灭蝇胺对人畜无毒副作用，对环境安全。

说明：可用于瓜果蔬菜的多种潜叶蝇的防治。从初见虫道时开始喷药，7~10天喷一次，连喷2次，喷雾必须均匀周到。

禁忌：不能与碱性药剂混用。注意与不同作用机理的药剂交替使用，以减缓害虫抗药性的产生。

使用方法：参见具体产品的说明书。

18. 噻虫啉 Thiacloprid

类型：噻虫啉是一种新型氯代烟碱类杀虫剂。

别名：快胜。

毒性：低毒，ADI值为0.01毫克/千克体重。

作用机理：作用于昆虫神经接合后膜，通过与烟碱乙酰胆碱受体结合，干扰昆虫神经系统正常传导，引起神经通道的阻塞，造成乙酰胆碱的大量积累，从而使昆虫异常兴奋，全身痉挛、麻痹而死。

农药登记的作物：茶树、番茄、甘蓝、柑橘树、观赏菊花、花生、黄瓜、辣椒、梨树、林木、苹果树、水稻、松树、西瓜、香蕉、杨树、枣树。

防治对象：蚜虫。

防治特点：具有较强的内吸、触杀和胃毒作用，与常规杀虫剂

（如拟除虫菊酯类、有机磷类和氨基甲酸酯类）没有交互抗性，因而可用于抗性治理。

说明：噻虫啉对鱼类和其他水生生物的毒性也很低，通常情况下对水生生物基本上没有影响。

禁忌：安全间隔期7天。

使用方法：参见具体产品的说明书。

19. 噻虫嗪 Thiamethoxam

类型：噻虫嗪是一种第二代烟碱类高效低毒杀虫剂，化学式为$C_8H_{10}ClN_5O_3S$。

别名：阿克泰、锐胜。

毒性：低毒，ADI值为0.08毫克/千克体重。

作用机理：对害虫具有胃毒、触杀及内吸活性，用于叶面喷雾及土壤灌根处理。

农药登记的作物/场所/用途：菠菜、草坪、茶树、大葱、大豆、冬枣、番茄、番茄（保护地）、甘蓝、甘蔗、柑橘树、观赏花卉、观赏菊花、观赏菊花（保护地）、观赏玫瑰、观赏月季、花卉、花生、黄瓜、火龙果（温室）、节瓜、韭菜、菊花、辣椒、马铃薯、棉花、苹果树、葡萄、茄子、芹菜、人参、室内、室外、水稻、水稻制种、丝瓜、桃树、卫生、西瓜、向日葵、小白菜、小麦、小青菜苗床、烟草、油菜、玉米、茭白、枸杞、豇豆。

防治对象：蚜虫、飞虱、叶蝉、粉虱等。

防治特点：其施药后迅速被内吸，并传导到植株各部位，对刺吸式害虫（如蚜虫、飞虱、叶蝉、粉虱等）有良好的防效。

说明：不能与碱性药剂混用。不要在低于-10℃和高于35℃的环境中储存。

禁忌：对蜜蜂有毒，用药时要特别注意。本药杀虫活性很高，用药时不要盲目加大用药量。

使用方法：参见具体产品的说明书。

20. 杀虫双 Bisultap

类型：杀虫双是一种沙蚕毒类杀虫剂，分子式为$C_5H_{11}NNa_2O_6S_4$。

别名：2-二甲氨基-1,3-双硫代磺酸钠基丙烷。

毒性：低毒，ADI值为0.01毫克/千克体重。

作用机理：对害虫具有较强的触杀和胃毒作用，并兼有一定的熏蒸作用。害虫接触和取食药剂后，最初并无任何反应，但逐渐表现出迟钝、行动缓慢，失去侵害作物的能力，停止发育，虫体软化、瘫痪，直至死亡，有很强的内吸作用，能被作物的叶、根等吸收和传导。

农药登记的作物：大豆、甘蔗、果树、蔬菜、水稻、小麦、玉米。

防治对象：潜叶蛾和凤蝶等害虫。

防治特点：有很强的内吸作用，能被作物的叶、茎、根等吸收和传导。适用于水稻、蔬菜、果树、棉花和小麦等作物。

说明：杀虫双是一种高效、低毒、低残留的有机氮杀虫剂，剂型有25%水剂、30%水剂。

禁忌：对人畜毒性中等，对水生生物毒性很小，残毒期达2个月左右。

使用方法：参见具体产品的说明书。

21. 杀铃脲 Triflumuron

类型：杀铃脲属苯甲酰脲类的昆虫生长调节剂。

别名：杀虫隆。

毒性：低毒，ADI值为0.014毫克/千克体重。

作用机理：主要是胃毒及触杀作用，抑制昆虫几丁质合成，使幼虫蜕皮，不能形成新表皮，虫体畸形而死亡。

农药登记的作物：甘蓝、柑橘树、苹果树、杨树。

防治对象：金纹细蛾、菜青虫、小菜蛾等。

防治特点：主要以胃毒为主，兼有一定的触杀作用，对绝大多数动物和人类无毒害作用，且能被微生物所分解，成为当前调节剂类农药的主要品种。

说明：本品主要用于防治金纹细蛾、菜青虫、小菜蛾、小麦黏虫、松毛虫等鳞翅目和鞘翅目害虫，防治效果均达到90%以上，并且药效期可达30天。对鸟类、鱼类、蜜蜂等无毒，不破坏生态平衡。

禁忌：暂无。

使用方法：参见具体产品的说明书。

22. 虱螨脲 Lufenuron

类型：虱螨脲是新一代取代脲类杀虫剂，白色结晶体，化学式为 $C_{17}H_8Cl_2F_8N_2O_3$。

别名：氯芬新。

毒性：低毒，ADI值为0.02毫克/千克体重。

作用机理：作用于昆虫幼虫、阻止脱皮过程而杀死害虫。

农药登记的作物：菠菜、菜豆、番茄、甘蓝、柑橘、柑橘树、韭菜、荔枝、林木、马铃薯、棉花、苹果、苹果树、杨树。

防治对象：蓟马、锈螨、白粉虱。

防治特点：药剂的持效期长，有利于减少打药次数；对作物安全，玉米、蔬菜、柑橘、棉花、马铃薯、葡萄、大豆等作物均可使用，适合于综合虫害治理。药剂不会引起刺吸式害虫再猖獗，对益虫的成虫和捕食性蜘蛛作用温和。药效持久，耐雨水冲刷，对有益的节肢动物成虫具有选择性。用药后，首次作用缓慢，有杀卵功能，可杀灭新产虫卵，施药后2～3天见效。

说明：药剂有选择性、长效性，对后期土豆蛀茎虫有良好的防治效果。

禁忌：暂无。

使用方法：参见具体产品的说明书。

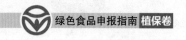

23. 溴氰虫酰胺 Cyantraniliprole

类型：溴氰虫酰胺是鱼尼丁受体抑制剂类杀虫剂分子式是$C_{19}H_{14}BrClN_6O_2$。

毒性：低毒，ADI值为0.03毫克/千克体重。

作用机理：鱼尼丁受体抑制剂类杀虫剂。

农药登记的作物/场所：大葱、番茄、番茄（苗期）、甘蓝、黄瓜、黄瓜（苗床）、辣椒、辣椒（苗床）、棉花、室内、室外、水稻、西瓜、小白菜、玉米、豇豆。

防治对象：鳞翅目、半翅目和鞘翅目害虫。

防治特点：溴氰虫酰胺是通过改变苯环上的各种极性基团而成，更高效，适用作物更广泛，可有效防治鳞翅目、半翅目和鞘翅目害虫。

说明：溴氰虫酰胺与大部分杀虫剂（氨基甲酸酯、有机磷类等）不存在交互抗性作用，而且对节肢类动物拥有较高安全性。

禁忌：暂无。

使用方法：参见具体产品的说明书。

24. 茚虫威 Indoxacard

类型：茚虫威是一种广谱噁二嗪类杀虫剂，分子式为$C_{22}H_{17}ClF_3N_3O_7$。

别名：安打。

毒性：低毒，ADI值为0.01毫克/千克体重。

作用机理：茚虫威具有独特的作用机理，其在昆虫体内被迅速转化为DCJW（N-去甲氧羰基代谢物），由DCJW作用于昆虫神经细胞内的钠离子通道，不可逆阻断昆虫体内的神经冲动传递，导致害虫运动失调、不能进食、麻痹并最终死亡。

农药登记的作物/场所/用途：白菜、草坪、茶树、大白菜、大葱、甘蓝、观赏菊花、观赏牡丹、姜、金银花、棉花、十字花科蔬菜、室内、室外、水稻、卫生、小白菜、烟草、豇豆。

防治对象：甜菜夜蛾、小菜蛾、菜青虫、斜纹夜蛾、甘蓝夜蛾、棉铃虫、烟青虫、卷叶蛾类、苹果蠹蛾、叶蝉、尺蠖、金刚钻、马铃薯甲虫。

防治特点：具有触杀和胃毒作用，对各龄期幼虫都有效。药剂通过接触和取食进入昆虫体内，0~4小时内昆虫即停止取食，随即被麻痹，昆虫的协调能力会下降（可导致幼虫从作物上落下），一般在药后24~60小时内死亡。

说明：施用茚虫威后，害虫从接触到药液或食用含有药液的叶片到其死亡会有一段时间，但害虫此时已停止对作物取食和为害。

禁忌：施药时要穿戴防护用具，避免与药剂直接接触。药剂不慎接触皮肤或眼睛，应用大量清水冲洗干净；不慎误服，应立即送医院对症治疗。

使用方法：参见具体产品的说明书。

（三）中毒杀虫剂

1. 噻嗪酮 Buprofezin

类型：噻嗪酮属昆虫生长调节剂类杀虫剂。

别名：扑虱灵。

毒性：中毒，ADI值为0.009毫克/千克体重。

作用机理：通过不同受药部位，作用于昆虫神经内分泌系统，干扰心侧体、前胸腺体等的正常活动，呈现一系列不良反应。这种不良反应是不可逆的，使害虫受药后不能复苏。

农药登记的作物：茶树、番茄、番茄（保护地）、柑橘树、观赏月季、火龙果（温室）、杧果树、蔷薇科观赏花卉、水稻、杨梅树、杂交水稻、茭白。

防治对象：大叶蝉科、飞虱科、粉虱科、蚧科、盾蚧科和粉蚧科。

防治特点：噻嗪酮属昆虫生长调节剂类杀虫剂，主要用于水稻、果树、茶树、蔬菜等作物的害虫防治，对鞘翅目、部分同翅目，以及蜱螨目具有持效性杀幼虫活性。

说明：进入环境中的噻嗪酮在植株中的消解速度较快，半衰期2～3天；在土壤中滞留时间较长，半衰期13～14天。

禁忌：噻嗪酮作为农田杀虫剂大面积的喷洒，会造成土壤的直接污染，并对水体也造成一定的污染，长期使用能造成农药在作物上的残留。

使用方法：参见具体产品的说明书。

2. 辛硫磷 Phoxim

类型：辛硫磷是一种有机磷杀虫剂，化学式为$C_{12}H_{15}N_2O_3PS$。

别名：O-α-氰基亚苯基氨基-O、O-二乙基硫代磷酸酯。

毒性：中毒，ADI值为0.004毫克/千克体重。

作用机理：以触杀和胃毒作用为主，无内吸作用，对鳞翅目幼虫很有效。

农药登记的作物/场所/用途：白菜、茶树、大白菜、大豆、大蒜、甘蓝、甘蔗、柑橘树、根菜类蔬菜、观赏牡丹、果树、红麻、花生、韭菜、荔枝树、林木、绿豆、萝卜、棉花、棉花田、苹果树、桑树、山药、十字花科蔬菜、十字花科叶菜、室外、蔬菜、水稻、卫生、向日葵、小麦、烟草、杨树、叶菜、叶菜类蔬菜、油菜、玉米。

防治对象：天牛等蛀干性害虫。

防治特点：辛硫磷杀虫谱广，击倒力强，在田间因对光不稳定，很快分解，所以残留期短，残留危险小，但该药施入土中，残留期很长，适合于防治地下害虫，剂型为50%或45%辛硫磷乳油、5%颗粒剂。

说明：在环境中易降解，它在光的照射下（紫外光或日光），产生的光解产物为一硫代特普。

禁忌：中毒症状，急救措施与其他有机磷相同。

使用方法：参见具体产品的说明书。

（四）杀螨剂

1. 苯丁锡 Fenbutatin oxide

类型：苯丁锡为感温型抑制神经组织的有机锡杀螨剂。

别名：克螨锡、托尔克、杀螨锡、苯丁锡悬浮剂、苯丁锡可湿性粉剂。

毒性：低毒，ADI值为0.03毫克/千克体重。

作用机理：触杀作用。

农药登记的作物：柑橘树、苹果树。

防治对象：柑橘叶螨、柑橘锈螨、苹果叶螨、茶橙瘿螨、茶短须螨、菊花叶螨、玫瑰叶螨等。

防治特点：杀螨活性较高，主要起触杀作用，对幼螨、成螨、若螨杀伤力较强，对螨卵的杀伤力不大，对有机磷、有机氯杀虫剂有抗药性的害螨无交互抗药性。属感温型杀螨剂，气温在22℃以上时药效增加，22℃以下时活性降低，15℃以下时药效较差，不宜在冬季使用。施药后药效作用发挥较慢，3天后活性开始增强，14天可达高峰，残效期较长，可达2~5个月。

说明：喷雾要均匀，因药效作用发挥较慢，须根据虫情预测预报提前用药。

禁忌：对鱼类等水生生物高毒。

使用方法：参见具体产品的说明书。

2. 喹螨醚 Fenazaquin

类型：喹螨醚是一种喹唑啉类杀螨剂，具有杀菌活性。

毒性：低毒，ADI值为0.05毫克/千克体重。

作用机理：为呼吸代谢抑制剂，具有触杀和胃毒作用。

农药登记的作物：茶树、苹果树。

防治对象：螨虫。

防治特点：可有效地防治多种植物的真叶螨、全爪螨和红叶螨及紫红短须螨。

说明：对眼睛有轻度刺激，对皮肤无刺激作用，无致癌及致突变作用。

禁忌：暂无。

使用方法：参见具体产品的说明书。

3. 联苯肼酯 Bifenazate

类型：联苯肼酯是联苯肼类杀螨剂，其纯品外观为白色固体结晶。

别名：NC-1111、CRAMITE、D2341、FLORAMITE。

毒性：低毒，ADI值为0.01毫克/千克体重。

作用机理：对螨类的线粒体电子传递链复合体Ⅲ抑制剂的独特作用。

农药登记的作物：草莓、柑橘、柑橘树、观赏玫瑰、辣椒、木瓜、苹果树、蔷薇科观赏花卉。

防治对象：苹果红蜘蛛、二斑叶螨和McDaniel螨，以及观赏植物的二斑叶螨和Lewis螨。

防治特点：联苯肼酯是一种新型选择性叶面喷雾用杀螨剂。其对螨的各个生活阶段均有效，具有杀卵活性和对成螨的击倒活性（48～72小时），且持效期长。

说明：持效期14天左右，推荐使用剂量范围内对作物安全。对寄生蜂、捕食螨、草蛉低风险。

禁忌：使用时应注意远离河塘等水体施药，禁止在河塘内清洗施药器具。

使用方法：参见具体产品的说明书。

4. 螺螨酯 Spirodiclofen

类型：螺螨酯是一种杀螨剂，分子式为$C_{21}H_{24}C_{12}O_4$。

别名：螨威多、螨危。

毒性：低毒，ADI值为0.01毫克/千克体重。

作用机理：具有全新的作用机理，具触杀作用，没有内吸性。主要抑制螨的脂肪合成，阻断螨的能量代谢，对害螨的卵、幼螨、若螨具有良好的杀伤效果，对成螨无效，但具有抑制雌螨产卵孵化率的作用。

农药登记的作物：冬枣、柑橘树、观赏月季、棉花、苹果树、蔷薇科观赏花卉、樱桃。

防治对象：害螨的卵、幼螨、若螨。

防治特点：全新结构、作用机理独特；杀螨谱广、适应性强；卵幼兼杀；持效期长；低毒、低残留、安全性好；无互抗性。

说明：考虑到抗性治理，建议在一个生长季（春季、秋季），螺螨酯的使用次数最多不超过两次。

禁忌：避开果树开花时用药。

使用方法：参见具体产品的说明书。

5. 噻螨酮 Hexythiazox

类型：噻螨酮是一种杀螨剂，分子式是$C_{17}H_{21}ClN_2O_2S$。

别名：尼索朗。

毒性：低毒，ADI值为0.03毫克/千克体重。

作用机理：以触杀作用为主，对植物组织有良好的渗透性，无内吸性作用。

农药登记的作物：柑橘、柑橘树、棉花、苹果树。

防治对象：螨卵、幼若螨、苹果红蜘蛛。

防治特点：对多种植物害螨具有强烈的杀卵、杀幼若螨的特性，对成螨无效，但对接触到药液的雌成虫所产的卵具有抑制孵化的作用。对叶螨防效好，对锈螨、瘿螨防效较差。可与波尔多液、石硫合剂等多种农药混用。

说明：防治苹果红蜘蛛，在幼若螨盛发期，平均每叶有3～4只螨时，用5%乳油或5%可湿性粉剂1 500～2 000倍液喷雾。收获前7天停止使用。

禁忌：本药剂宜在成螨数量较少时（初发生时）使用，若是螨害发生严重时，不宜单独使用本剂，最好与其他具有杀成螨作用的药剂混用。

使用方法：参见具体产品的说明书。

6. 四螨嗪 Clofentezine

类型：四螨嗪是一种纯品为红色晶体的杀螨剂，分子式$C_{14}H_8Cl_2N_4$。

别名：3,6-双（2-氯苯基）-1,2,4,5-四嗪。

毒性：低毒，ADI值为0.02毫克/千克体重。

作用机理：在果园或葡萄园用稀释度为0.04%的50%乳油在冬卵孵化前喷药，能防治整个季节的食植性叶螨。

农药登记的作物：柑橘树、梨树、苹果树。

防治对象：螨类。

防治特点：该药对榆全爪螨（苹果红蜘蛛）有特效，持效期长，主要用作杀卵剂，对幼龄期有一定的防效，对捕食性螨和益虫无影响，用于苹果、观赏植物和豌豆、柑橘、棉花，在开花期前、后各施一次。

说明：10%可湿性粉剂和25%悬浮剂防治柑橘红蜘蛛的使用

浓度为100~125毫升/升，防治苹果树叶螨、红蜘蛛的使用浓度为85~100毫升/升。

禁忌：暂无。

使用方法：参见具体产品的说明书。

7. 乙螨唑 Etoxazole

类型：乙螨唑（SC）为日本住友化学株式会社研发的一种全新具特殊结构的杀螨剂。

别名：依杀螨。

毒性：低毒，ADI值为0.05毫克/千克体重。

作用机理：抑制螨卵的胚胎形成以及从幼螨到成螨的蜕皮过程，对卵及幼螨有效，对成螨无效，但是对雌性成螨具有很好的不育作用。

农药登记的作物：柑橘树、观赏月季、咖啡树、棉花、苹果树、蔷薇科观赏花卉、枸杞。

防治对象：螨虫。

防治特点：最佳的防治时间是害螨为害初期。耐雨性强，持效期长达50天。

说明：11%的乙螨唑悬浮剂兑水稀释5 000~7 500倍液进行喷施。

禁忌：暂无。

使用方法：参见具体产品的说明书。

8. 唑螨酯 Fenpyroximat

类型：唑螨酯为肟类杀螨剂，以触杀作用方式为主，杀螨谱广，并兼有杀虫治病作用。

别名：霸螨灵。

毒性：低毒，ADI值为0.01毫克/千克体重。

作用机理：触杀作用方式为主。

农药登记的作物：柑橘树、苹果树、玉米、枸杞。

防治对象：红叶螨、全爪叶螨、小菜蛾、斜纹夜蛾、二化螟、稻飞虱、桃蚜等害虫，以及稻瘟病、白粉病、霜霉病等。

防治特点：杀螨谱广，并兼有杀虫治病作用。

说明：唑螨酯不能与碱性物质混合使用。

禁忌：唑螨酯对鱼有毒，使用时注意安全。

使用方法：参见具体产品的说明书。

（五）杀软体动物剂

四聚乙醛 Metaldehyde

类型：四聚乙醛是一种杀软体动物剂，分子式为$C_8H_{16}O_4$，白色针状结晶。

别名：密达、灭旱螺、蜗火星、梅塔、灭蜗灵、蜗牛敌。

毒性：微毒，ADI值为0.1毫克/千克体重。

作用机理：四聚乙醛是一种选择性强的杀螺剂。6%密达，外观浅蓝色，遇水软化，有特殊香味，有很强的引诱力。当螺受引诱剂的吸引而取食或接触到药剂后，使螺体内乙酰胆碱酯酶大量释放，破坏螺体内特殊的黏液，使螺体迅速脱水，神经麻痹，并分泌黏液，由于大量体液的流失和细胞被破坏、导致螺体、蛞蝓等在短时间内中毒死亡。

农药登记的作物/场所/用途：菜、草坪、大白菜、甘蓝、沟渠、旱地、棉花、农田、十字花科蔬菜、蔬菜、水稻、滩涂、铁皮石斛、卫生、小白菜、烟草、叶菜、叶菜类蔬菜、玉米田。

防治对象：水稻福寿螺，蔬菜、棉花和烟草上的蜗牛、蛞蝓等软体动物。

防治特点：对人畜低毒，对鱼类、陆上及水生非靶生物毒性低，对蚕低毒。

说明：遇低温（1.5℃以下）或高温（35℃以上）因蜗牛活动

力弱，影响防治效果。

禁忌：该药吞入有毒，使用该药时不得进食、饮水或吸烟，如感不适，即请就医，并出示标签。

使用方法：参见具体产品的说明书。

二、杀菌剂

（一）微毒杀菌剂

1. 稻瘟灵 Isoprothiolane

类型：高效内吸杀菌剂。

别名：1，3-二硫戊烷-2-叉丙二酸二异丙酯、富士一号、稻瘟灵乳油、稻瘟灵可湿性粉剂。

毒性：微毒，ADI值为0.1毫克/千克体重。

作用机理：被水稻等各部位吸收，并累积到叶部组织，从而发挥药效。

农药登记的作物/场所：草坪、水稻、水稻本田、水稻田、水稻秧田、西瓜、烟草、玉米。

防治对象：稻瘟病。

防治特点：高效内吸杀菌剂，是防治水稻稻瘟病的特效药剂。对稻瘟病具有预防和治疗作用，能够被水稻各部位吸收，并累积到叶部组织，从而发挥药效，耐雨水冲刷并可兼治飞虱。

说明：安全间隔期为15天。

禁忌：鱼塘附近使用该药要慎重。

使用方法：参见具体产品的说明书。

2. 噁霉灵 Hymexazol

类型：噁霉灵是新型杀菌剂，内吸性杀菌剂、土壤消毒剂。

别名：恶雾灵、土菌消。

毒性：微毒，ADI值为0.2毫克/千克体重。

作用机理：抑制病原真菌菌丝体的正常生长或直接杀死病菌，又能促进植物生长；并具有促进作物根系生长发育、生根壮苗的功效，能提高农作物的成活率。

登记的作物/场所：白术、百合、草坪、大豆、党参、地黄、黄瓜、黄瓜（苗床）、黄精、辣椒、辣椒（苗床）、马铃薯、棉花、人参、三七、水稻、水稻苗床、水稻秧田、水稻育秧田、水稻育秧箱、甜菜、西瓜、玄参、烟草、油菜、玉米。

防治对象：土壤真菌、镰刀菌、根壳菌、丝核菌、腐霉菌、苗腐菌、伏革菌等病原菌。

防治特点：噁霉灵是广谱性杀菌剂，对多种病原真菌引起的植物病害有较好的防治效果。对鞭毛菌、子囊菌、担子菌、腐霉菌、苗腐菌、镰刀菌、丝核菌、伏革菌、根壳菌、雪霉菌都有很好的效果，是一种高效低毒环保的杀菌剂、土壤消毒剂，同时又是一种植物生长调节剂。具有内吸性和传导性，能直接被植物根部吸收，且在植物体内移动迅速；在土壤中能提高药效，且持效期长，施用两周内仍有杀菌活性。作用机理独特，高效、微毒、无公害，能有效抑制病原真菌菌丝体的正常生长或直接杀灭病菌。对土壤真菌、镰刀菌、根壳菌、丝核菌、腐霉菌、苗腐菌、伏革菌等病原菌都有显著的防治效果，对枯萎病、立枯病、黄萎病、猝倒病、纹枯病、烂秧病、菌核病、疫病、干腐病、黑星病、菌核软腐病、苗枯病、茎枯病、叶枯病、沤根、连作重茬障碍有特效。此外，具有促进作物根系生长发育、生根壮苗、提高成活率的作用。

说明：宜无风晴朗天气喷施，喷后4小时遇雨无须补喷。

禁忌：使用时须遵守农药使用防护规则。用于拌种时，要严格掌握药剂用量，拌后随即晾干，不可闷种，防止出现药害。

使用方法：参见具体产品的说明书。

3. 氟吗啉 Flumorph

类型：氟吗啉属吗啉类农用杀菌剂。

别名：灭克。

毒性：微毒，ADI值为0.16毫克/千克体重。

作用机理：抑制病原菌麦角甾醇的生物合成。

农药登记的作物：番茄、黄瓜、辣椒、荔枝、马铃薯、葡萄、人参、烟草。

防治对象：霜霉属、疫霉属病菌。

防治特点：对霜霉属、疫霉属病菌特别有效。对葡萄、马铃薯和番茄上的卵菌纲生物，尤其是霜霉科和疫霉属菌有杀菌效力，可与触杀性杀菌剂（二噻农、代森锰锌或铜化合物）混用。

说明：持效期长、用药次数少、农用成本低、增产效果效果显著。

禁忌：暂无。

使用方法：参见具体产品的说明书。

4. 氟唑环菌胺 Sedaxane

类型：氟唑环菌胺是种子处理杀菌剂。

毒性：微毒，ADI值为0.1毫克/千克体重。

别名：环苯吡菌胺、2′-[（1RS，2RS）-1,1′-联环丙烯-2-基]-3-（二氟甲基）-1-甲基吡唑-4-羧酸苯胺。

作用机理：抑制病菌琥珀酸脱氢酶而致效。

农药登记的作物：马铃薯、水稻、小麦、玉米。

防治对象：黑穗病。

防治特点：对玉米、麦类、水稻、大豆，棉花等作物上的丝黑穗病等有良好的防治效果。该物质低毒，用作种衣剂时，对多种种传、土传病害有较好的防治效果，还可促进作物根系的生长。

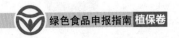

说明：氟唑环菌胺能提高根系活力，降低非光化学淬灭，使作物增产。

使用方法：参见具体产品的说明书。

5. 腐霉利 Procymidone

类型：腐霉利是新型杀菌剂。

别名：灰霉星、胜得灵、天达腐霉利。

毒性：微毒，ADI值为0.1毫克/千克体重。

作用机理：抑制菌体内甘油三酯的合成，具有保护和治疗的双重作用。

农药登记的作物：番茄、番茄（保护地）、番茄（大棚）、观赏菊花、黄瓜、黄瓜（保护地）、韭菜、韭菜（保护地）、葡萄、蔷薇科观赏花卉、油菜。

防治对象：菌核病、灰霉病、黑星病、褐腐病、大斑病。

防治特点：内吸性杀真菌剂，对葡萄孢属和核盘菌属真菌有特效，能防治果树、蔬菜作物的灰霉病、菌核病，对苯丙咪唑产生抗性的真菌亦有效。使用后保护效果好、持效期长，能阻止病斑发展蔓延。在作物发病前或发病初期使用，可取得满意效果。

说明：该药剂容易产生抗药性，不可连续使用，同时应与其他农药交替喷洒，药剂要现配现用，不要长时间放置。

禁忌：不要与强碱性药物（如波尔多液、石硫合剂）混用，也不要与有机磷农药混配。

使用方法：参见具体产品的说明书。

6. 咯菌腈 Fludioxonil

类型：氟咯菌腈是一种化学杀菌剂，分子式是$C_{12}H_6F_2N_2O_2$。纯品为淡黄色粉末。

别名：氟咯菌腈。

毒性：微毒，ADI值为0.4毫克/千克体重。

作用机理：通过抑制葡萄糖磷酰化有关的转移，并抑制真菌菌丝体的生长，最终导致病菌死亡。

农药登记的作物：草莓、大豆、番茄、观赏百合、观赏菊花、花生、黄瓜、马铃薯、棉花、葡萄、人参、水稻、西瓜、向日葵、小麦、玉米。

防治对象：小麦腥黑穗病、雪腐病、雪霉病、纹枯病、根腐病、全蚀病、颖枯病、秆黑粉病；大麦条纹病、网斑病、坚黑穗病；玉米青枯病、茎基腐病、猝倒病；棉花立枯病、红腐病、炭疽病、黑根病、种子腐烂病；大豆花生立枯病、根腐病（镰刀菌引起）；水稻恶苗病、胡麻叶斑病、早期叶瘟病、立枯病；油菜黑斑病、黑胫病；马铃薯立枯病、疮痂病；蔬菜枯萎病、炭疽病、褐斑病、蔓枯病。

防治特点：作用机理独特，与现有杀菌剂无交互抗性。国际杀菌剂抗性行动小组（FRAC）认为咯菌腈的作用机理是影响渗透压调节信号相关的组氨酸激酶的活性。

说明：对下茬作物安全、无药害。

禁忌：暂无。

使用方法：参见具体产品的说明书。

7. 醚菌酯 Kresoxim–methyl

类型：醚菌酯是一种杀菌剂，化学式为$C_{18}H_{19}NO_4$，不仅具有广谱的杀菌活性，同时兼具有良好的保护和治疗作用。

别名：苯氧菌酯、苯氧菊酯。

毒性：微毒，ADI值为0.4毫克/千克体重。

作用机理：可抑制病原孢子侵入，具有良好的保护活性，全面有效控制蔬菜、果树、花卉等植物的各种真菌病害。

农药登记的作物：草坪、草莓、番茄、观赏花卉、黄瓜、辣椒、梨树、苹果、苹果树、葡萄、蔷薇科观赏花卉、人参、水稻、甜瓜、西瓜、香蕉、小葱、小麦、烟草、枸杞。

防治对象：草莓白粉病、甜瓜白粉病、黄瓜白粉病、梨黑星病、葡萄白腐病。

防治特点：醚菌酯是以天然抗生素StobiluronA为基础，仿生合成的一种全新植物病害管理产品。该产品对作物和环境安全，具有极高的杀菌活性，因此也在全球逐渐建立了一种新的杀菌标准。该产品对其他杀菌剂产生抗性的病害非常有效。

说明：产品安全间隔为4天，作物每季度最多喷施3～4次。

禁忌：本品不可与强碱性、强酸性的农药等物质混合使用。

使用方法：参见具体产品的说明书。

8. 氰霜唑 Cyazofamid

类型：氰霜唑是新一代磺胺咪唑类杀菌剂，浅黄色无味粉状固体，化学式为$C_{13}H_{13}ClN_4O_2S$。

别名：科佳、赛座灭、氰唑磺菌胺。

毒性：微毒，ADI值为0.2毫克/千克体重。

作用机理：阻断卵菌纲病菌体内线粒体细胞色素bc_1复合体的电子传递来干扰能量的供应。

农药登记的作物：百合、贝母、大白菜、番茄、观赏菊花、观赏玫瑰、黄瓜、黄精、荆芥、荔枝树、马铃薯、葡萄、蔷薇科观赏花卉、人参、三七、西瓜。

防治对象：霜霉病、疫病，如黄瓜霜霉病、葡萄霜霉病、番茄晚疫病、马铃薯晚疫病等。

防治特点：氰霜唑是一种新型低毒杀菌剂，具有很好的保护活性和一定的内吸治疗活性，持效期长，耐雨水冲刷，使用安全、方便。该药属线粒体呼吸抑制剂，其杀菌机制是通过抑制病菌代谢过程中细胞色素bc_1中的Qi，而导致病菌死亡，不同于甲氧基丙烯酸酯类药剂（是细胞色素bc_1中Qo抑制剂）。对卵菌的所有生长阶段均有作用，对甲霜灵产生抗性或敏感的病菌均有活性。

说明： 从病害发生前或发生初期开始喷药，7～10天一次，与不同类型药剂交替使用。

禁忌： 不能与碱性药剂混用。注意与不同类型条菌剂交替使用，避免病菌产生抗药性。

使用方法： 参见具体产品的说明书。

9. 噻菌灵 Thiabendazole

类型： 噻菌灵属苯咪唑类杀菌剂。

别名： 特克多、涕必灵、硫苯唑、噻苯咪唑、噻苯哒唑。

毒性： 微毒，ADI值为0.1毫克/千克体重。

作用机理： 抑制真菌有丝分裂过程中的微管蛋白的形成。

农药登记的作物： 柑橘、柑橘（果实）、蘑菇、苹果树、葡萄、蒜薹、蒜薹（贮藏期）、香蕉、香蕉（果实）、玉米。

防治对象： 子囊菌、担子菌和半知菌。

防治特点： 具内吸向顶传导性能，但不能向基传导。持效期长，与苯并咪唑类杀菌剂有交互抗性。对子囊菌、担子菌和半知菌有抑制活性，用于防治多种作物真菌病害及果蔬防腐保鲜。是一种高效、广谱、国际上通用的杀菌剂。

说明： 防治农作物、经济作物上由真菌引起的各种病害。工业防霉剂，可用于饲料防霉，涂料防霉，纺织品、纸张、皮革、电线电缆和日常商业制品的防霉、防腐。此外，还可作为人畜肠道的驱虫药剂。

禁忌： 对鱼类有毒，不要污染池塘和水源。原药密封保存，远离儿童，空瓶应妥善处理。

使用方法： 参见具体产品的说明书。

10. 三乙膦酸铝 Fosetyl-aluminium

类型：三乙膦酸铝是一种有机磷类高效、广谱、内吸性低毒杀菌剂。

别名：疫霉灵、疫霜灵、乙膦铝、霉疫净、克霉灵、霉菌灵。

毒性：微毒，ADI值为1毫克/千克体重。

作用机理：药剂刺激寄主植物的防御系统而防病。

农药登记的作物：白菜、大白菜、番茄、胡椒、黄瓜、辣椒、梨树、荔枝、马铃薯、棉花、苹果、苹果树、葡萄、十字花科蔬菜、蔬菜、水稻、甜菜、橡胶、橡胶树、烟草、莴笋。

防治对象：藻菌亚门中的霜霉属、疫霉属病原真菌、单轴病菌引起的病害，如蔬菜、果树霜霉病、疫病，菠萝心腐病，柑橘根腐病、茎溃病，草莓茎腐病、红髓病。

防治特点：高效、低毒内吸杀菌剂，具有双向传导功能兼有保护和治疗作用，有效期3~4周。

说明：长期使用容易产生抗性，可与灭菌丹、多菌灵等混用以提高防效。

禁忌：对水稍有危害，不要让未稀释或大量的产品接触地下水、水道或者污水系统，若无政府许可，勿将材料排入周围环境。

使用方法：参见具体产品的说明书。

11. 霜霉威 Propamocarb

类型：霜霉威是一种具有局部内吸作用的低毒杀菌剂，属氨基甲酸酯类。

别名：3-二甲氨基丙基氨基甲酸丙酯。

毒性：微毒，ADI值为0.4毫克/千克体重。

作用机理：抑制病菌细胞膜成分中磷脂和脂肪酸的生物合成，进而抑制菌丝生长、孢子囊的形成和萌发。

农药登记的作物：菠菜、花椰菜、黄瓜、马铃薯、烟草。

防治对象：霜霉病、疫病、猝倒病、晚疫病、黑胫病等。

防治特点：该杀菌机制与其他类型杀菌剂不同，无交互抗药性。国际杀菌剂抗性行动委员会（FRAC）对该菌的抗性风险评估为低到中等抗性风险。该药内吸传导性好，用作土壤处理时，能很快被根吸收并向上输送到整个植株；用作茎叶处理时，能很快被叶片吸收并分布在叶片中，在30分钟内就能起到保护作用。霜霉威对作物的根、茎、叶有明显的促进生长作用。

说明：为预防和延缓病菌抗病性，注意应与其他农药交替使用，每季喷洒次数最多3次。配药时，按推荐药量加水后要搅拌均匀，若用于喷施，要确保药液量，保持土壤湿润。

禁忌：不可与呈强碱性的农药等物质混合使用。

使用方法：参见具体产品的说明书。

12. 双炔酰菌胺 Mandipropamid

类型：双炔酰菌胺属酰胺类杀菌剂。

别名：2-（4-氯-苯基）-N-[2-（3-甲氧基-4-（2-丙炔氧基）-苯基-乙烷基]-2-（2-丙炔氧基）-乙酰胺。

毒性：微毒，ADI值为0.2毫克/千克体重。

作用机理：抑制磷脂的生物合成，对绝大多数由卵菌纲病原引起的叶部和果实病害均有很好的防效。对处于萌发阶段的孢子具有较高的活性，并可抑制菌丝成长和孢子形成。

农药登记的作物：番茄、黄瓜、辣椒、荔枝树、马铃薯、葡萄、人参、西瓜。

防治对象：卵菌纲病原引起的叶部和果实病害，如荔枝霜疫霉病。

防治特点：可以通过叶片被迅速吸收，并停留在叶表蜡质层中，对叶片起保护作用。

说明：推荐剂量下对荔枝树生长无不良影响，未见药害发生。

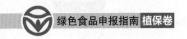

禁忌：暂无。

使用方法：参见具体产品的说明书。

13. 烯酰吗啉 Dimethomorph

类型：烯酰吗啉为杀菌剂，化学式为$C_{21}H_{22}ClNO_4$。

别名：霜安、安克、伏霜、专克、雄克、安玛、绿捷。

毒性：微毒，ADI值为0.2毫克/千克体重。

作用机理：破坏病菌细胞壁膜的形成，引起孢子囊壁的分解，造成病菌死亡。

农药登记的作物：菠菜、大葱、番茄、观赏玫瑰、观赏牡丹、花椰菜、黄瓜、苦瓜、辣椒、荔枝树、马铃薯、葡萄、蔷薇科观赏花卉、人参、三七、甜瓜、铁皮石斛、烟草、叶用莴苣、油麦菜、芋头。

防治对象：霜霉病及晚疫病等。

防治特点：除游动孢子形成及孢子游动期外，对卵菌生活史的各个阶段均有作用，尤其在孢子囊梗和卵孢子的形成阶段更敏感，若在孢子囊和卵孢子形成前用药，则可完全抑制孢子的产生。该药内吸性强，根部施药，可通过根部进入植株的各个部位；叶片喷药，可进入叶片内部。

说明：其与甲霜灵等苯酰胺类杀菌剂没有交互抗性。

禁忌：单独使用有比较高的抗性风险，所以常与代森锰锌等保护性杀菌剂复配使用，以延缓抗性的产生。

使用方法：参见具体产品的说明书。

14. 克菌丹 Captan

类型：克菌丹属于传统多位点有机硫类杀菌剂，以保护作用为主，兼有一定的治疗作用。

别名：盖普丹。

毒性：微毒，ADI值为0.1毫克/千克体重。

作用机理：用作保护性杀菌剂，叶面喷施或拌种均可。

农药登记的作物：草莓、番茄、柑橘、柑橘树、黄瓜、辣椒、梨、梨树、马铃薯、苹果、苹果树、葡萄、蔷薇科观赏花卉、小麦、玉米。

防治对象：大麦、小麦、燕麦、水稻、玉米、棉花、蔬菜、果树、瓜类、烟草等作物的许多病害。

防治特点：克菌丹杀菌谱广，应用方式比较多样，可用于叶面喷雾防治多种高等、低等真菌性病害，可用于马铃薯、花生拌种，也可用于土壤处理（冲施、灌根、拌土撒施等），防治多种作物根部病害。

说明：对作物安全，无药害，而且还具有刺激植物生长的作用。

禁忌：高温干旱时在鲜食葡萄（特别是红提品种）上使用可能会出现药害，应先试验后再用。

使用方法：参见具体产品的说明书。

15. 嘧菌酯 Azoxystrobin

类型：甲氧基丙烯酸酯（Strobilurin）类杀菌农药。

别名：阿米西达。

毒性：微毒，ADI值为0.2毫克/千克体重。

作用机理：抑制细胞线粒体的呼吸作用。

农药登记的作物：贝母、草坪、草莓、大豆、冬瓜、冬枣、番茄、甘蓝、甘蔗、柑橘、柑橘树、观赏菊花、观赏玫瑰、观赏牡丹、花生、花椰菜、黄瓜、黄瓜（保护地）、火龙果（温室）、姜、菊科和蔷薇科观赏花卉、辣椒、梨树、荔枝、荔枝树、莲藕、马铃薯、杧果、杧果树、棉花、苹果树、葡萄、人参、石榴、水稻、丝瓜、桃树、西瓜、香蕉、小麦、杨梅、杨梅树、玉米、芋头、枣树、蕹菜、枇杷、枇杷树、枸杞、豇豆。

防治对象：几乎所有的真菌界（子囊菌亚门、担子菌亚门、鞭毛菌亚门和半知菌亚门）病害，如白粉病、锈病、颖枯病、网斑病、霜霉病、稻瘟病等。

防治特点：杀菌谱广，能增加抗病性，可提高抗逆力，持效期长，高效安全。

说明：高效、广谱，对几乎所有的真菌界（子囊菌亚门、担子菌亚门、鞭毛菌亚门和半知菌亚门）病害均有良好的活性。

禁忌：嘧菌酯不能与杀虫剂乳油，尤其是有机磷类乳油混用，也不能与有机硅类增效剂混用，会由于渗透性和展着性过强引起药害。

使用方法：参见具体产品的说明书。

16. 嘧霉胺 Pyrimethanil

类型：嘧霉胺属苯氨基嘧啶类杀菌剂。

别名：甲基嘧啶胺。

毒性：微毒，ADI值为0.2毫克/千克体重。

作用机理：通过抑制病菌侵染酶的分泌阻止病菌侵染，并杀死病菌。

农药登记的作物：草莓、番茄、观赏菊花、黄瓜、韭菜、马铃薯、葡萄、茄子、人参、蒜薹（贮藏期）、元胡。

防治对象：黄瓜灰霉病、番茄灰霉病、枯萎病。

防治特点：对常用的非苯胺基嘧啶类（苯并咪唑类及氨基甲酸酯类）杀菌剂已产生抗药性的灰霉病菌有强效，主要抑制灰葡萄孢霉的芽管伸长和菌丝生长，在一定的用药时间内对灰葡萄孢霉的孢子萌芽也具有一定抑制作用。同时，具有内吸传导和熏蒸作用，施药后迅速达到植株的花、幼果等喷雾无法达到的部位杀死病菌，尤其是加入卤族特效渗透剂后，可增加在叶片和果实附着时间和渗透速度，有利于吸收，使药效更快、更稳定，目前国内合成成功的产品有41%聚砹·嘧霉胺。此外嘧霉胺对温度不敏感，在相对较低的温度下施用不影响药效。

说明：晴天上午8时至下午5时、空气相对湿度低于65%时使用；气温高于28℃时应停止施药。

禁忌：贮存时不得与食物、种子、饮料混放。

使用方法：参见具体产品的说明书。

17. 氰氨化钙 Calcium cyanamide

类型：氰氨化钙是第一个作脱叶剂使用的化合物，化学式为$CaCN_2$。

别名：石灰氮、氨基氰化钙（1∶1）、氰氨基化钙、碳氮化钙、氰胺化钙、氨腈钙、氰氨（基）化钙、氰氨基钙、碳酰亚氨钙、氰氮化钙、氰氨钙。

毒性：微毒。

作用机理：氰氨化钙在土壤中与水反应，生成氢氧化钙和氰胺。在碱性土壤中，氰胺可进一步聚合成双氰胺。氰胺和双氰胺都有杀菌灭虫的作用。

农药登记的作物：番茄、黄瓜和水稻。

防治对象：可防治多种土传病害及地下害虫，特别对根结线虫防治效果好。

禁忌：氰氨化钙有毒，对人体皮肤、口腔、消化系统有刺激性。

使用方法：参见具体产品的说明书。

（二）低毒杀菌剂

1. 苯醚甲环唑 Difenoconazole

类型：苯醚甲环唑是低毒杂环类杀菌剂农药，化学式为$C_{19}H_{17}Cl_2N_3O_3$。

别名：恶醚唑、世高。

毒性：低毒，ADI值为0.01毫克/千克体重。

作用机理：内吸性杀菌，具保护和治疗作用。

农药登记的作物：贝母、菜豆、草坪、草莓、茶树、大白菜、大葱、大豆、大蒜、冬枣、番茄、甘蔗、柑橘、柑橘树、观赏牡丹、花生、黄瓜、姜、金银花、苦瓜、辣椒、梨树、荔枝树、芦笋、马铃薯、杧果、杧果树、棉花、苹果树、葡萄、蔷薇科观赏花卉、芹菜、人参、三七、石榴、水稻、蒜薹（贮藏期）、桃树、铁皮石斛、西瓜、香蕉、香蕉树、橡胶树、小麦、烟草、洋葱、樱桃、玉米、芝麻、枇杷、枸杞、榛子树、豇豆。

防治对象：子囊菌纲，担子菌纲，包括链格孢属、壳二孢属、尾孢霉属、刺盘孢属、球痤菌属、茎点霉属、柱隔孢属、壳针孢属、黑星菌属在内的半知菌亚门，白粉菌科，锈菌目，以及某些种传病原菌。

防治特点：苯醚甲环唑是三唑类杀菌剂中安全性比较高的，广泛应用于果树、蔬菜等作物，能有效防治黑星病、黑痘病、白腐病、斑点落叶病、白粉病、褐斑病、锈病、条锈病、赤霉病等。

说明：苯醚甲环唑虽有保护和治疗双重效果，但为了尽量减轻病害造成的损失，应充分发挥其保护作用，因此施药时间宜早不宜迟，应在发病初期进行喷药效果最佳。

禁忌：暂无。

使用方法：参见具体产品的说明书。

2. 吡唑醚菌酯 Pyraclostrobin

类型：吡唑醚菌酯是一种新型广谱甲氧基丙烯酸酯类杀菌剂，化学式为$C_{19}H_{18}N_3O_4Cl$。

别名：百克敏、唑菌胺酯、凯润、唑菌胺酯、凯润。

毒性：低毒，ADI值为0.03毫克/千克体重。

作用机理：通过抑制线粒体呼吸作用，最终导致细胞死亡。

农药登记的作物：白菜、百合、贝母、菜瓜、苍术、草坪、草莓、茶树、大白菜、大葱、大豆、大蒜、番茄、柑橘树、观赏菊花、观赏玫瑰、旱芋、花生、黄瓜、火龙果、姜、金银花、苦瓜、辣椒、辣椒（苗床）、梨树、荔枝、荔枝树、马铃薯、麦冬、杧果、杧果树、棉花、苹果树、葡萄、蔷薇科观赏花卉、人参、三七、山药、水稻、丝瓜、蒜薹（贮藏期）、桃树、甜瓜、西瓜、西葫芦、香蕉、香蕉（果实）、香蕉树、小麦、烟草、杨梅树、叶用莴苣、玉米、枣树、枸杞。

防治对象： 子囊菌、担子菌、半知菌和卵菌纲真菌。

防治特点： 它是一种新型广谱甲氧基丙烯酸酯类杀菌剂，通过抑制线粒体呼吸作用，最终导致细胞死亡，具有保护、治疗、叶片渗透传导作用，主要用于防治作物上由真菌引起的多种病害，吡唑醚菌酯对小麦白粉病、赤霉病具有较好的防治功效。

说明： 梨树上使用时，在开花始期及落花的20天左右时间内，为防止药害应尽量避免施用。

禁忌： 对蚕有影响，对附近有桑园地区使用时应严防飘移。

使用方法： 参见具体产品的说明书。

3. 丙环唑 Propiconazol

类型： 丙环唑是一种内吸性三唑类杀菌剂，分子式为 $C_{15}H_{17}Cl_2N_3O_2$，是一种具有保护和治疗作用的内吸性三唑类杀菌剂。

别名： 丙唑灵。

毒性： 低毒，ADI值为0.07毫克/千克体重。

作用机理： 丙环唑是属于甾醇抑制剂中的三唑类杀菌剂，其作用机理是影响甾醇的生物合成，使病原菌的细胞膜功能受到破坏，最终导致细胞死亡，从而起到杀菌、防病和治病的功效。

农药登记的作物： 草坪、大豆、冬枣、花椒树、花生、辣椒、莲藕、马铃薯、苹果树、蔷薇科观赏花卉、人参、水稻、香蕉、香蕉树、小麦、油菜、玉米、直播水稻（南方）、茭白、枇杷树、枸杞、榛子树。

防治对象：子囊菌、担子菌和半知菌引起的病害。

防治特点：丙环唑具有杀菌谱广泛、活性高、杀菌速度快、持效期长、内吸传导性强等特点，已经成为三唑类新兴广谱性杀菌剂代表品种。

说明：丙环唑属于低毒杀菌剂，在试验条件下，未见致畸、致癌、致突变作用。制剂由有效成分、乳化剂和溶剂组成。外观为浅黄色液体，比重0.98～1.00，闪点55～63℃，乳化性能良好，能与多数常用农药相混配，贮存稳定期为3年。

禁忌：禁止在河塘水域清洗施药用具，避免污染水源。

使用方法：具体产品的说明书。

4. 代森联 Metriam

类型：代森联是一种保护性杀菌剂。

别名：代森联二、乙烯二硫代氨基甲酸盐、品润。

毒性：低毒，ADI值为0.03毫克/千克体重。

作用机理：保护性杀菌剂，对卵菌纲真菌引起的各种病害有很好的防效。

农药登记的作物：大白菜、大蒜、番茄、柑橘、柑橘树、观赏花卉、花生、黄瓜、姜、辣椒、梨树、荔枝、荔枝树、马铃薯、杧果、杧果树、棉花、苹果、苹果树、葡萄、蔷薇科观赏花卉、桃树、甜瓜、西瓜、烟草、枣树。

防治对象：梨黑星病，柑橘疮痂病、溃疡病，苹果斑点落叶病，葡萄霜霉病，荔枝霜霉病、疫霉病，青椒疫病，黄瓜、香瓜、西瓜霜霉病，番茄疫病，棉花烂铃病，小麦锈病、白粉病，玉米大斑、条斑病，烟草黑胫病，山药炭疽病、褐腐病、根茎腐病、斑点落叶病等。

防治特点：代森联是一种优良的保护性杀菌剂，属低毒农药。由于其杀菌范围广、不易产生抗性，防治效果明显优于其他同类杀菌剂，所以在国际上用量一直是大吨位产品。是其他保护性杀菌剂的替代产品，国内多数复配杀菌剂都以代森锰锌加工配制而成，但锰锌制剂会引起作物微量元素积累中毒，通过近几年田间应用，对防治梨黑星病、苹果斑点落叶病、瓜菜类疫病、霜霉病、大田作物锈病等效果显著，不用其他任何杀菌剂完全可有效控制病害发生，质量稳定、可靠。

说明：一般作叶面喷洒，隔7~10天喷一次，也可用作种子处理。

禁忌：对鱼有毒，不可污染水源。

使用方法：参见具体产品的说明书。

5. 代森锰锌 Mancozeb

类型：代森锰锌属有机硫类、广谱性、保护性杀菌剂。

别名：亚乙基双（二硫代氨基甲酸锰）+亚乙基双（二硫代氨基甲酸锌）。

毒性：低毒，ADI值为0.03毫克/千克体重。

作用机理：所谓保护，就是为植物提供锌元素，除解决缺锌的症状外，使植物增强抵抗病害的能力，从而相对地起到杀菌作用。

农药登记的作物：白菜、草坪、大豆、番茄、柑橘、柑橘树、花生、花椰菜、黄瓜、辣椒、梨、梨树、荔枝、荔枝树、芦笋、马铃薯、杧果、棉花、苹果、苹果树、葡萄、青椒、人参、甜椒、铁皮石斛、西瓜、香蕉、香蕉树、小麦、烟草、杨梅树、樱桃、枣树、豇豆。

防治对象：蔬菜霜霉病、炭疽病、褐斑病。

防治特点：代森猛锌目前是防治番茄早疫病和马铃薯晚疫病理

想药剂，防效分别为80%和90%左右，一般作叶面喷洒，隔10～15天喷一次。

说明： 代森锰锌是一种优良的保护性杀菌剂，由于其杀菌范围广、不易产生抗性，防治效果明显优于其他同类杀菌剂，所以在国际上用量一直较大。

禁忌： 不能与碱性或含铜药剂混用。对鱼有毒，不可污染水源。

使用方法： 参见具体产品的说明书。

6. 代森锌 Zineb

类型： 代森锌是一种有机硫制剂。

别名： 亚乙基双二硫代氨基甲酸锌、乙撑-1,2-双二硫代氨基甲酸锌。

毒性： 低毒，ADI值为0.03毫克/千克体重。

作用机理： 广谱性、保护性杀菌剂。

农药登记的作物： 茶树、番茄、柑橘树、观赏植物、花生、黄瓜、梨树、荔枝、芦笋、马铃薯、麦类、苹果、苹果树、蔬菜、西瓜、烟草、油菜。

防治对象： 麦类、蔬菜、葡萄、果树和烟草等作物的多种真菌病害。

防治特点： 叶面用保护性杀菌剂，主要用于防治麦类、蔬菜、葡萄、果树和烟草等作物的多种真菌病害。代森锌能防治多种真菌引起的病害，但对白粉病作用差。

说明： 吸湿性强，在潮湿空气中能吸收水分而分解失效。157℃分解，无熔点。当从浓溶液中形成聚合沉淀后，失去杀菌活性。

禁忌： 葫芦科蔬菜对锌敏感，用药时要严格掌握浓度，不能过大。

使用方法： 参见具体产品的说明书。

7. 啶酰菌胺 Boscalid

类型：啶酰菌胺为新型烟酰胺类杀菌剂。原药为固体，保存在0～6℃，可制成超低容量液剂及油悬浮剂等新剂型。

别名：2-氯-N-（4'-氯二苯-2-基）烟酰胺。

毒性：低毒，ADI值为0.04毫克/千克体重。

作用机理：通过叶面渗透在植物中转移，抑制线粒体琥珀酸酯脱氢酶，阻碍三羧酸循环，使氨基酸、糖缺乏，能量减少，干扰细胞的分裂和生长，对病害有神经活性，具有保护和治疗作用。

农药登记的作物：草坪、草莓、番茄、番茄（大棚）、观赏菊花、观赏玫瑰、黄瓜、马铃薯、苹果、苹果树、葡萄、桃树、甜瓜、西瓜、香蕉、杨梅树、油菜。

防治对象：白粉病、灰霉病、各种腐烂病、褐腐病和根腐病等。

防治特点：啶酰菌胺是新型烟酰胺类杀菌剂，杀菌谱较广，几乎对所有类型的真菌病害都有活性，对防治白粉病、灰霉病、菌核病和各种腐烂病等非常有效，并且对其他药剂的抗性菌亦有效，主要用于包括油菜、葡萄、果树、蔬菜和大田作物等病害的防治。

说明：啶酰菌胺与多菌灵、速克灵等无交互抗性。

禁忌：暂无。

使用方法：参见具体产品的说明书。

8. 啶氧菌酯 Picoxystrobin

类型：啶氧菌酯是一种吡啶类杀菌剂，化学式为$C_{18}H_{16}F_3NO_4$。

毒性：低毒，ADI值为0.09毫克/千克体重。

作用机理：线粒体呼吸抑制剂，即通过在细胞色素b和C_1间电子转移抑制线粒体的呼吸。防治对14-脱甲基化酶抑制剂、苯甲酰胺类、三羧酰胺类和苯并咪唑类产生抗性的菌株有效。

农药登记的作物：茶树、番茄、花生、黄瓜、辣椒、杧果、葡萄、水稻、铁皮石斛、西瓜、香蕉、小麦、枣树。

防治对象：麦类的叶面病害如叶枯病、叶锈病、颖枯病、褐斑病、白粉病等。

防治特点：啶氧菌酯一旦被叶片吸收，就会在木质部中移动，随水流在运输系统中流动；它也在叶片表面的气相中流动，并随着从气相中吸收进入叶片后又在木质部中流动。无雨条件下用啶氧菌酯（有效成分250克/公顷）喷雾处理的作物，和同样喷雾处理后2小时条件下的作物的作物暴露于降水量为10毫米、长达1小时条件下的作物进行比较，结果表明两者对大麦叶枯病的防治效果是一致的。正是由于啶氧菌酯的内吸活性和熏蒸活性，因而施药后，有效成分能有效再分配及充分传递，因此啶氧菌酯比商品化的嘧菌酯和肟菌酯有更好的治疗活性。

说明：适宜麦类（如小麦、大麦、燕麦及黑麦）使用；推荐剂量下对作物安全、无药害。

禁忌：暂无。

使用方法：参见具体产品的说明书。

9. 多菌灵 Carbendazim

类型：多菌灵是一种广谱性杀菌剂，对多种作物由真菌（如半知菌、多子囊菌）引起的病害有防治效果。

别名：棉萎灵、苯并咪唑44号。

毒性：低毒，ADI值为0.03毫克/千克体重。

作用机理：干扰病原菌有丝分裂中纺锤体的形成，影响细胞分裂，起到杀菌作用。

农药登记的作物：大豆、番茄、番茄（保护地）、甘薯（种薯）、柑橘树、果树、花生、黄瓜、辣椒、梨、梨树、荔枝、荔枝树、莲藕、绿萍、麦类、杧果树、棉花、苹果、苹果树、葡萄、蔷薇科观赏花卉、茄子、人参、水稻、甜菜、甜瓜、西瓜、香蕉、香蕉树、橡胶树、小麦、油菜、玉米、杂交水稻、枇杷。

防治对象：由真菌（如半知菌、多子囊菌）引起的病害。

防治特点：多菌灵为高效低毒内吸性杀菌剂，有内吸治疗和保护作用。可以有效防治由真菌引起的多种作物病害，在我国使用范围广泛，但其残留能引起肝病和染色体畸变，对哺乳动物有毒害。

说明：在蔬菜收获前18天停用。该药剂不能与强碱性药剂或含铜药剂混用，应与其他药剂轮用。

禁忌：对水生生物有极高毒性，可能对水体环境产生长期不良影响。

使用方法：参见具体产品的说明书。

10. 噁霜灵 Oxadixyl

类型：噁霜灵为内吸性杀菌剂，对霜霉目病源菌具有很高的防效，有保护和治疗作用，持效期长。

别名：杀毒矾。

毒性：低毒，ADI值为0.01毫克/千克体重。

作用机理：高效内吸性杀菌剂，具有保护和治疗作用。

农药登记的作物：黄瓜、烟草。

防治对象：霜霉目病原菌。

防治特点：对霜霉目病原菌具有很好的防效，持效期长。与代森锰锌混用的效果比灭菌丹、铜制剂混用效果好。

说明：单一长期使用该药，病菌易产生抗性，所以常与其他杀菌剂混配。

禁忌：暂无。

使用方法：参见具体产品的说明书。

11. 粉唑醇 Flutriafol

类型：粉唑醇是一种广谱性内吸杀菌剂，化学式是$C_{16}H_{13}F_2N_3O$。

别名：（RS）-2,4′-二氯-a-1H-1,2,4-三唑-1-甲基二苯基甲醇。

毒性：低毒，ADI值为0.01毫克/千克体重。

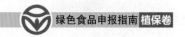

作用机理： 内吸杀菌。

农药登记的作物： 草莓、水稻、小麦、烟草。

防治对象： 麦类作物白粉病、锈病、黑穗病、玉米黑穗病等。

防治特点： 粉唑醇对担子菌和子囊菌引起的多种病害具有良好的保护和治疗作用，可有效地防治麦类作物白粉病、锈病、黑穗病、玉米黑穗病等。

禁忌： 暂无。

使用方法： 参见具体产品的说明书。

12. 氟吡菌胺 Fluopicolide

类型： 氟吡菌胺是一种吡唑酰胺类广谱杀菌剂，化学式为$C_{14}H_8Cl_3F_3N_2O$。

别名： 2,6-二氯-N-[（3-氯-5-三氟甲基-2-吡啶基）甲基]苯甲酰胺。

毒性： 低毒，ADI值为0.08毫克/千克体重。

作用机理： 优良的系统传导性和较强的薄层穿透力，对病原菌各主要形态均有较好的抑制作用。

农药登记的作物： 大白菜、番茄、黄瓜、辣椒、马铃薯、葡萄、蔷薇科观赏花卉、人参、甜瓜、西瓜、洋葱。

防治对象： 黄瓜霜霉病和马铃薯晚疫病。

防治特点： 该药保护性好、渗透性强，对卵菌纲真菌病害有较高的生物活性，具有很好的防治效果。能从植物叶基向叶尖方向传导。

说明： 药剂能够经叶面快速吸收，所以耐雨水冲刷，为雨季蔬菜防病提供可靠保障。

禁忌： 暂无。

使用方法： 参见具体产品的说明书。

13. 氟吡菌酰胺 Fluopyram

类型：氟吡菌酰胺是新一代是广谱杀菌剂、种子处理剂、农产品仓储保鲜剂，是多功能性药剂。

别名：N-｛2-[3-氯-5-（三氟甲基）-2-吡啶]乙基｝-2-（三氟甲基）苯甲酰胺。

毒性：低毒，ADI值为0.01毫克/千克体重。

作用机理：作用于线粒体呼吸链复合体Ⅱ，抑制呼吸。

农药登记的作物：草莓、番茄、柑橘树、黄瓜、辣椒、梨树、马铃薯、苹果树、葡萄、茄子、人参、西瓜、香蕉、烟草、杨梅树、洋葱、枇杷树。

防治对象：半知菌亚门真菌性病害。

防治特点：氟吡菌酰胺再土壤中表现出明显不同的移动性。它能够在土壤中缓慢而均匀地扩散，使作物根际范围内能够有效而长时间地防治线虫。

说明：该药剂具有低毒性，可以满足对环境安全而且持续防治线虫的需求。

禁忌：暂无。

使用方法：参见具体产品的说明书。

14. 氟啶胺 Fluazinam

类型：氟啶胺是二硝基苯胺类杀菌剂。无治疗效果和内吸活性，是广谱高效的保护性杀菌剂。

毒性：低毒，ADI值为0.01毫克/千克体重。

作用机理：氟啶胺为线粒体氧化磷酰化斛偶联剂，能抑制感染过程中病原体孢子的萌发、渗透、菌丝的生长和孢子的形成。

农药登记的作物：白术、百合、板蓝根、贝母、草坪、大白菜、大黄、当归、党参、地黄、番茄、柑橘树、黄瓜、黄精、黄连、辣椒、马铃薯、苹果树、人参、三七、水稻、玄参、油菜。

防治对象：交链孢属、疫霉属、单轴霉属、核盘菌属和黑星菌属。

防治特点：对交链孢属、疫霉属、单轴霉属、核盘菌属和黑星菌属非常有效。对于抗苯并咪唑和二羧酰亚胺类杀菌剂的灰葡萄孢也有良好的效果，对由根霉菌引起的水稻猝倒病也有很好的效果。本品极耐雨水冲刷，残效期长。此外，兼有控制植食性螨类的作用。

说明：远离氧化物、光、热。

禁忌：通常对水无染源。若无政府许可，勿将其排入周围环境。

使用方法：参见具体产品的说明书。

15. 氟环唑 Epoxiconazole

类型：氟环唑是一种内吸性三唑类杀菌剂。

别名：环氧菌唑。

毒性：低毒，ADI值为0.02毫克/千克体重。

作用机理：甾醇生物合成过程中C-14脱甲基化酶的抑制剂，兼具保护和治疗作用。

农药登记的作物：大豆、柑橘树、花生、苹果、苹果树、葡萄、水稻、香蕉、香蕉树、小麦、玉米。

防治对象：禾谷类作物的立枯病、白粉病、眼纹病等10余种病害。

防治特点：氟环唑的活性成分氟环唑抑制病菌麦角甾醇的合成，阻碍病菌细胞壁的形成，并且氟环唑分子对一种真菌酶（14-Dencthylase）有强力亲和性，与已知的杀菌剂相比，能更有效抑制病菌原真菌。氟环唑可提高作物的凡丁质酶活性，导致真菌吸器的收缩，抑制病菌侵入，这是在所有三唑类产品中氟环唑独一无二的特性。

说明：持效期极佳，如在谷物上的抑菌作用可达40天以上，卓越的持留效果，降低了用药次数及劳力成本。

禁忌：对作物安全性推荐剂量下对作物安全、无药害。

使用方法：参见具体产品的说明书。

16. 氟菌唑 Triflumizole

类型：氟菌唑属于低毒性咪唑类杀菌剂。

毒性：低毒，ADI值为0.04毫克/千克体重。

别名：三氟咪唑、特富灵。

作用机理：甾醇脱甲基化抑制剂。

农药登记的作物：草莓、黄瓜、梨树、葡萄、西瓜、烟草。

防治对象：禾谷类、蔬菜、果树等作物防治白粉病、锈病等。

防治特点：广谱性杀菌剂，甾醇脱甲基化抑制剂，具有内吸、保护、治疗、铲除作用。

说明：黄瓜上安全间隔期仅为2天。每季最多使用2次。

禁忌：无慢性毒性，对鱼类有一定毒性，鲤鱼LC_{50}（48小时）为1.26毫克/升，对蜜蜂无毒，对作物安全性高。

使用方法：参见具体产品的说明书。

17. 氟酰胺 Flutolanil

类型：氟酰胺是一种具有保护和治疗活性的内吸性杀菌剂，阻碍受感染体上真菌的生长和穿透，引起菌丝的消失。

别名：氟担菌宁、N-（3′-异丙氧基苯基）-2-三氟甲基苯甲酰胺、纹枯胺。

毒性：低毒，ADI值为0.09毫克/千克体重。

作用机理：在呼吸作用的电子传递链中作为琥珀酸脱氢酶抑制剂，抑制天门冬氨酸盐和谷氨酸盐的合成。

农药登记的作物：草坪、花生、黄瓜、马铃薯、水稻。

防治对象：担子菌纲真菌引起的病害，以及丝核菌引起的水稻纹枯病。

防治特点：用来防治某些担子菌纲真菌引起的病害，以及丝核菌引起的水稻纹枯病。制剂有微粉剂、粉剂和可湿性粉剂。

说明：酸、碱中稳定（pH值3～11），对光、热稳定。

禁忌：暂无。

使用方法：参见具体产品的说明书。

18. 甲基立枯磷 Tolclofos–methyl

类型：甲基立枯磷是广谱内吸性杀菌剂。

别名：利克菌、立枯灭。

毒性：低毒，ADI值为0.07毫克/千克体重。

作用机理：尚不明确。

农药登记的作物：棉花、水稻。

防治对象：蔬菜立枯病、枯萎病、菌核病、根腐病、黑根病、褐腐病。

防治特点：其吸附作用强，不易流失，持效期较长。具内吸性杀菌谱广。用于防治土传病害，主要起保护作用。

说明：适用于蔬菜。安全间隔期10天。

禁忌：沾染药液应立即洗净，防止药液污染池塘、水渠。

使用方法：参见具体产品的说明书。

19. 甲基硫菌灵 Thiophanate–methyl

类型：甲基硫菌灵是一种广谱性内吸低毒杀菌剂，具有内吸、预防和治疗作用。

别名：1,2-二（3-甲氧碳基-2-硫脲基）苯、甲基托布津。

毒性：低毒，ADI值为0.09毫克/千克体重。

作用机理：向顶性传导功能。

农药登记的作物：番茄、甘薯、柑橘、柑橘树、瓜类、禾谷类、花生、黄瓜、姜、辣椒、梨树、芦笋、马铃薯、杧果、杧果树、毛竹、棉花、苹果、苹果树、葡萄、蔷薇科观赏花卉、青椒、桑树、蔬菜、水稻、甜菜、西瓜、小麦、烟草、油菜、玉米、枸杞。

防治对象：禾谷类、蔬菜类、果树上的多种病害。

防治特点：对多种病害有预防和治疗作用。对叶螨和病原线虫有抑制作用。

说明：长期单一使用易产生抗性并与苯并咪唑类杀菌剂有交互抗性，应注意与其他药剂轮用。

禁忌：不能与碱性及无机铜制剂混用。

使用方法：参见具体产品的说明书。

20. 腈苯唑 Fenbuconazole

类型：腈苯唑是三唑类内吸杀菌剂。

别名：唑菌腈、苯腈唑。

毒性：低毒，ADI值为0.03毫克/千克体重。

作用机理：阻止已发芽的病菌孢子侵入作物组织，抑制菌丝的伸长。

农药登记的作物：水稻、桃树、香蕉。

防治对象：香蕉叶斑病，桃褐腐病，禾谷类黑粉病、腥黑穗病，菜豆锈病、蔬菜白粉病。

防治特点：腈苯唑属高效、低毒、低残留、内吸传导型杀菌剂，能抑制病原菌菌丝的伸长，阻止已发芽的病菌孢子侵入作物组织；对病害既有预防作用又有治疗作用。

说明：腈苯唑对人畜低毒；对作物、果树安全。

禁忌：腈苯唑对鱼有毒，应避免污染水源。

使用方法：参见具体产品的说明书。

21. 腈菌唑 Myclobutanil

类型：腈菌唑是一种有机物，化学式是$C_{15}H_{17}ClN_4$，淡黄色固体。是一类具保护和治疗活性的内吸性三唑类杀菌剂。

别名：1-（4-氯苯基）-2-（1H-1,2,4-三唑-1-甲基）己腈、2-（4-氯苯基）-2-（1H，1,2,4-三唑-1-甲基）己腈。

毒性：低毒，ADI值为0.03毫克/千克体重。

作用机理：主要对病原菌的麦角甾醇的生物合成起抑制作用，对子囊菌、担子菌均具有较好的防治效果。

农药登记的作物：番茄、柑橘树、黄瓜、梨、梨树、荔枝树、苹果树、葡萄、香蕉、橡胶树、小麦、烟草、玉米、豇豆。

防治对象：白粉病、锈病、黑星病、灰斑病、褐斑病、黑穗病。

防治特点：该药剂有强内吸性、药效高、持效期长，对作物安全，有一定刺激生长作用。

说明：具有预防和治疗作用。

禁忌：暂无。

使用方法：参见具体产品的说明书。

22. 精甲霜灵 Metalaxyl-M

类型：精甲霜灵是酰胺类杀菌剂。

别名：高效甲霜灵。

毒性：低毒，ADI值为0.08毫克/千克体重。

作用机理：光学活性的杀菌剂。

农药登记的作物：白术、百合、草坪、大白菜、大豆、党参、地黄、番茄、观赏玫瑰、花生、花椰菜、黄瓜、黄精、辣椒、辣椒（苗床）、荔枝、荔枝树、马铃薯、棉花、葡萄、蔷薇科观赏花卉、人参、三七、水稻、铁皮石斛、西瓜、向日葵、玄参、烟草、杨梅树、玉米。

防治对象：霜霉病菌、疫霉病菌和腐霉病菌所致的蔬菜、果树、烟草、油料、棉花、粮食等作物病害。

防治特点：精甲霜灵是甲霜灵两个旋光异构体中活性更高的异构体，也是第一个商品化生产的光学活性的杀菌剂，可用于种子、茎叶和土壤处理。

说明：本品可用于加工、复配制剂农药。

禁忌：本品无特效解毒药，如中毒只能对症治疗。

使用方法：参见具体产品的说明书。

23. 喹啉铜 Oxine-copper

类型：一种喹啉类保护性低毒杀菌剂。

别名：必绿、千金。

毒性：低毒，ADI值为0.02毫克/千克体重。

作用机理：依靠植物表面水的酸化，逐步释放铜离子，与病菌的蛋白质结合，使其蛋白酶变性而死亡，抑制病菌萌发和菌丝发育。

农药登记的作物：番茄、柑橘树、黄瓜、咖啡树、辣椒、梨树、荔枝、荔枝树、马铃薯、杧果树、苹果树、葡萄、山核桃、桃树、铁皮石斛、西瓜、小麦、杨梅树、元胡、枇杷树。

防治对象：蔬菜苗期立枯病、猝倒病，蔬菜霜霉病、白粉病、疫病、叶斑病，瓜类枯萎病，茄果类炭疽病、青枯病，豆类细菌性角斑病、炭疽病，葡萄霜霉病、白腐病、黑痘病，桃细菌性穿孔病、流胶病，梨锈病、轮纹病、黑星病，水稻白叶枯病、稻瘟病，棉花枯萎病、立枯病。

防治特点：该药可以防治细菌或各类真菌所引起的病害。防治荔枝的霜疫霉病，可使用喹啉铜1 000～1 500倍溶液。

说明：低浓度使用，不会产生药害，且防治效果不打折扣。

禁忌：高温时期，植株表面水分蒸发快，无形中加大了喷洒在植株表面的铜制剂浓度，容易产生药害，因此，使用时应该避开高温时间段。

使用方法：参见具体产品的说明书。

24. 嘧菌环胺 Cyprodinil

类型：嘧菌环胺是一种有效的内吸性杀菌剂，兼具长效治疗和保护作用。

别名：4-环丙基-6-甲基-N-苯基嘧啶-2-胺。

毒性：低毒，ADI值为0.03毫克/千克体重。

作用机理：抑制病原菌的水解酶分泌和蛋氨酸生物合成。

农药登记的作物：草坪、番茄、观赏百合、苹果树、葡萄、人参。

防治对象：灰霉病、黑星病、盈枯病及小麦眼纹病等。

防治特点：可防治多种病害，对灰霉病和斑点落叶病防治效果最佳。其主要成分嘧菌环胺，可抑制病原菌细胞中蛋氨酸的生物合成和水解酶活性，干扰真菌生命周期，抑制病原菌穿透，破坏植物体中菌丝体的生长。同三唑类、咪唑类、吗啉类、二羧酸亚胺类、苯基吡咯类杀菌剂均无交互抗性，对半知菌和子囊菌引起的灰霉病和斑点落叶病等有极佳的防治效果，非常适用于病害综合治理。

说明：叶面喷雾或种子处理，也可做大麦种衣剂用药。

禁忌：与皮肤接触可能致敏。

使用方法：参见具体产品的说明书。

25. 棉隆 Dazomet

类型：广谱性农药，土壤熏蒸剂，硫代异硫氰酸甲酯类杀线虫剂，并兼治真菌、地下害虫和杂草。

别名：必速灭。

毒性：低毒，ADI值为0.01毫克/千克体重。

作用机理：分解出异硫氰酸甲酯、甲醛和硫化氢，对根瘤线虫、茎线虫、异皮线虫有杀灭作用。

农药登记的作物：白术、草莓、番茄（保护地）、杭白菊、花卉、姜、菊科和蔷薇科观赏花卉。

防治对象：线虫，兼治土壤真菌、地下害虫和藜属杂草。

防治特点：该药剂在土壤中分解生成甲胺基甲基二硫代氨基甲酸酯，并进一步生成异硫氰酸甲酯。能有效地防治线虫和土壤真菌（如猝倒病菌、丝核病菌、镰刀菌等），还能抑制许多杂草生长。棉隆对棉花黄枯萎病有较好的防治效果。

说明：能兼治土壤真菌（如马铃薯丝核菌）、地下害虫（如地老虎、叩头虫、五月金龟甲的幼虫等）和藜属杂草。

禁忌：对眼睛和皮肤有刺激作用。

使用方法：参见具体产品的说明书。

26. 噻呋酰胺 Thifluzamide

类型：噻氟酰胺属于噻唑酰胺类杀菌剂，具有强内吸传导性和长持效性。

别名：噻氟菌胺。

毒性：低毒，ADI值为0.014毫克/千克体重。

作用机理：噻呋酰胺是琥珀酸酯脱氢酶抑制剂，抑制病菌三羧酸循环中琥珀酸去氢酶，导致菌体死亡。

农药登记的作物：草坪、花生、马铃薯、蔷薇科观赏花卉、水稻、铁皮石斛、小麦、玉米、茭白。

防治对象：水稻和麦类的纹枯病。

防治特点：噻呋酰胺具有很强的内吸传导性能，可以叶面喷雾、种子处理、土壤处理等方式施用。

说明：防治水稻纹枯病，由于它的持效期长，在水稻全生长期只需施药1次，即在水稻抽穗前30天，亩用24%噻呋酰胺悬浮剂15～25毫升，兑水50～60千克喷雾。

使用方法：参见具体产品的说明书。

27. 噻唑锌

类型：噻唑锌是噻二唑类有机锌杀菌剂，分子式为$C_4H_4N_6S_4Zn$。

别名：2-氨基-5-巯基-1,3,4-噻二唑锌。

毒性：低毒，ADI值为0.01毫克/千克体重。

作用机理：噻唑锌有两个杀菌基团。一是噻唑基团，在植物体外对细菌无抑制力，但在植物体内却是高效的治疗剂，药剂在植株的孔纹导管中，细菌受到严重损害，其细胞壁变薄继而瓦解，导致细菌的死亡。二是锌离子，具有既杀真菌又杀细菌的作用。药剂中的锌离子与病原菌细胞膜表面上的阳离子（H^+，K^+等）交换，导致病菌细胞膜上的蛋白质凝固杀死病菌；部分锌离子渗透进入病原菌细胞内，与某些酶结合，影响其活性，导致机能失调，病菌因而衰竭死亡。在两个基团的共同作用下，杀病菌更彻底，防治效果更好，防治对象更广泛。

农药登记的作物：草莓、大白菜、柑橘树、旱芋、黄瓜、黄瓜（保护地）、辣椒、马铃薯、水稻、桃树、铁皮石斛、西瓜、西兰花、香蕉、小葱、烟草、芋头、猕猴桃。

防治对象：软腐细菌性病害、黑斑病、炭疽病、锈病、白粉病、缺锌老化叶、花生青枯病、死棵烂根病、花生叶斑病、僵苗、黄秧烂秧、细菌性条斑病、白叶枯病、纹枯病、稻瘟病、缺锌火烧苗、细菌性角斑病、溃疡病、霜霉病、靶标病、黄点病、缺锌黄化叶、细菌性溃疡病、晚疫病、褐斑病、炭疽病、缺锌小叶病。

防治特点：噻唑锌对大多数植物病害均有较好的防效，包括蔬菜、果树以及粮食作物，从苗期开始，整个生育期都可以用药，具有很好的防治性。

说明：发病初期，稀释500～800倍液喷雾。发病严重加大（减小）稀释倍数。间隔7天左右连续防治2～3次为宜。注意二次稀释喷雾。

禁忌：用药时要注意避开花期，严禁在水产养殖区、河塘等水体附近用，禁止在河塘等水体清洗施药器具，鱼或虾蟹套养稻田禁用，施药后的田水不得直接排入水体。

使用方法：参见具体产品的说明书。

28. 三环唑 Tricyclazole

类型：三环唑是防治稻瘟病专用杀菌剂，属于噻唑类。

别名：比艳三赛唑、克瘟灵、克瘟唑。

毒性：低毒，ADI值为0.04毫克/千克体重。

作用机理：抑制附着孢黑色素的形成，从而抑制孢子萌发和附着孢形成，阻止病菌侵入和减少稻瘟病菌孢子的产生。

农药登记的作物：菜薹、水稻。

防治对象：稻瘟病。

防治特点：具有较强内吸性的保护性杀菌剂。能迅速被水稻各部位吸收，持效期长，药效稳定，用量低并且抗雨水冲刷。

说明：用药液浸秧，有时会引起发黄，但不久即能恢复，不影响稻秧以后的生长。

禁忌：有一定的鱼毒性，在池塘附近施药要注意安全。

使用方法：参见具体产品的说明书。

29. 三唑醇 Triadimenol

类型：杂环类杀菌剂。

别名：百坦。

毒性：低毒，ADI值为0.03毫克/千克体重。

作用机理：三唑醇拌种后药剂可通过种子内吸进入植株根系，并向根外释放，在较长时间内有足够的药量遗留在种子区或根围土壤中，从而减少根围病原菌的数量，抑制植株基部叶鞘病原菌的附着和侵染。

农药登记的作物：白术、草莓、番茄（保护地）、杭白菊、花卉、姜、菊科和蔷薇科观赏花卉。

防治对象：麦类黑穗病、白粉病、锈病，以及玉米、高粱等的丝黑穗病。

防治特点：具有内吸传导性，具有保护和治疗作用。

说明：拌种时必须使种子粘药均匀，必要时采用黏着剂，否则不易发挥药效。

禁忌：处理麦类种子有抑制幼苗生长的特点，抑制强弱与药剂的浓度有关，可在其中加入生长激素类药剂（如赤霉素）以减轻药害。

使用方法：参见具体产品的说明书。

30. 三唑酮 Triadimefon

类型：三唑酮是一种高效、低毒、低残留、持效期长、内吸性强的三唑类杀菌剂。

别名：百理通、粉锈宁、百菌酮。

毒性：低毒，ADI值为0.03毫克/千克体重。

作用机理：抑制菌体麦角甾醇的生物合成，因而抑制或干扰菌体附着孢及吸器的发育、菌丝的生长和孢子的形成。

农药登记的作物：观赏菊花、观赏月季、花生、黄瓜、梨树、棉花、苹果树、水稻、橡胶树、小麦、烟草、油菜、玉米、杂交水稻。

防治对象：玉米、高粱等的黑穗病，玉米圆斑病。

防治特点：三唑酮对某些病菌在活体中活性很强，但离体效果很差。对菌丝的活性比对孢子强。三唑酮可以与许多杀菌剂、杀虫剂、除草剂等现混现用。

说明：三唑酮可以茎叶喷雾、处理种子、处理土壤等多种方式施用。

禁忌：无特效解毒药，如发生中毒只能对症治疗。

使用方法：参见具体产品的说明书。

31. 霜脲氰 Cymoxanil

类型：高效杀菌剂。

别名：克露、克丹、霜尿氰、霜疫清、清菌脲、菌疫清、赛杀腈、霜脲氰、霜脲腈原药、霜脲氰-D3。

毒性：低毒，ADI值为0.013毫克/千克体重。

作用机理：对真菌类脂化合物的生物合成和细胞膜机能起作用，抑制孢子萌发、牙管伸长、附着孢和菌丝的形成。

农药登记的作物：百合、贝母、番茄、观赏菊花、观赏玫瑰、黄瓜、黄瓜（保护地）、黄精、荆芥、辣椒、荔枝、荔枝树、马铃薯、葡萄、人参、三七。

防治对象：霜霉目真菌，如疫霜属、霜霉属、单轴霜属。

防治特点：霜脲氰具有高效、低毒、低残留、对环境友好的特点，是一种内吸性杀菌剂，阻止病原菌孢子萌发而杀死病菌，具有预防、治疗、铲除三大功效，施药后能被植物迅速吸收，且药效持久。

说明：对人畜低毒，霜脲氰与其他保护性杀菌剂混用广泛。

使用方法：参见具体产品的说明书。

32. 肟菌酯 Trifloxystrobin

类型：属于甲氧基丙烯酸酯类农用高效杀菌剂。

别名：肟草酯、三氟敏、肟草酯、肟菌脂、三氟敏。

毒性：低毒，ADI值为0.04毫克/千克体重。

作用机理：肟菌酯为线粒体呼吸抑制剂，通过阻止细胞色素bc₁的Qo位点电子传递来抑制线粒体的呼吸作用。

农药登记的作物：草坪、草莓、番茄、柑橘树、观赏玫瑰、黄瓜、咖啡树、辣椒、马铃薯、苹果、苹果树、葡萄、蔷薇科观赏花卉、人参、山核桃树、水稻、西瓜、香蕉、香蕉树、小麦、杨梅树、洋葱、玉米、枣树、枇杷树。

防治对象：几乎所有真菌（子囊菌纲、担子菌纲、卵菌纲和半

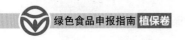

知菌亚门）病害，如白粉病、锈病、颖枯病、网斑病、霜霉病、稻瘟病等。

防治特点： 具有高效、广谱、保护、治疗、铲除、渗透、内吸活性、耐雨水冲刷、持效期长等特性。

说明： 肟菌酯主要用于茎叶处理，保护活性优异，且具有一定的治疗活性，且活性不受环境影响，应用最佳期为孢子萌发和发病初期阶段，但对黑星病各个时期均有活性。

禁忌： 肟菌酯属于低毒类药剂，但对鱼类、蜜蜂、家蚕和水生生物有强烈的毒性，所以使用时要尽可能避免在蜂群周围、开花植物花期、蚕室和桑园使用，另外，也要尽可能避免对水体的污染，一定要远离水产养殖区。

使用方法： 参见具体产品的说明书。

33. 戊唑醇 Tebuconazole

类型： 戊唑醇，是一种高效、广谱、内吸性三唑类杀菌农药，分子式为 $C_{16}H_{22}ClN_3O$。

别名： 立克莠、立克秀。

毒性： 低毒，ADI值为0.03毫克/千克体重。

作用机理： 抑制真菌的麦角甾醇的生物合成。

农药登记的作物： 百合、贝母、苍术、草坪、草莓、大白菜、冬枣、番茄、柑橘树、高粱、花生、黄瓜、金银花、苦瓜、辣椒、梨树、马铃薯、麦冬、棉花、苹果、苹果树、葡萄、蔷薇科观赏花卉、人参、三七、山核桃树、水稻、桃树、铁皮石斛、西瓜、香蕉、香蕉树、小麦、烟草、杨梅树、玉米、元胡、枇杷、枇杷树、枸杞。

防治对象： 油菜菌核病。

防治特点： 戊唑醇在全世界范围内用作种子处理剂和叶面喷雾、杀菌谱广、不仅活性高，而且持效期长。

说明： 茎叶喷雾时，在蔬菜幼苗期、果树幼果期应注意使用浓度，以免造成药害。

禁忌：暂无。

使用方法：参见具体产品的说明书。

34. 烯肟菌胺

类型：烯肟菌胺属于甲氧基丙烯酸酯类杀菌剂。

毒性：低毒，ADI值为0.069毫克/千克体重。

作用机理：作用于真菌的线粒体呼吸，药剂通过与线粒体电子传递链中复合物Ⅲ（Cyt bc1复合物）的结合，阻断电子由Cyt bc1复合物流向Cyt c，破坏真菌的ATP合成，从而起到抑制或杀死真菌的作用。

农药登记的作物：花生、黄瓜、黄瓜（温棚）、水稻、西瓜、香蕉、小麦。

防治对象：小麦锈病、小麦白粉病、水稻纹枯病、稻曲病、黄瓜白粉病、黄瓜霜霉病、葡萄霜霉病、苹果斑点落叶病、苹果白粉病、香蕉叶斑病、番茄早疫病、梨黑星病、草莓白粉病、向日葵锈病等多种植物病害。

防治特点：大量的生物学活性研究表明，烯肟菌胺杀菌谱广、活性高，具有预防及治疗作用，与环境生物有良好的相容性。

说明：对作物生长性状和品质有明显的改善作用，并能提高产量。

禁忌：暂无。

使用方法：参见具体产品的说明书。

35. 异菌脲 Iprodione

类型：异菌脲是二甲酰亚胺类高效广谱、触杀型杀菌剂。

别名：扑海因。

毒性：低毒，ADI值为0.06毫克/千克体重。

作用机理：异菌脲能抑制蛋白激酶，控制许多细胞功能的细胞内信号，包括碳水化合物结合进入真菌细胞组分的干扰作用。因此，它即可抑制真菌孢子的萌发及产生，也可抑制菌丝生长。即对病原菌生活史中的各发育阶段均有影响。

农药登记的作物： 白术、百合、板蓝根、贝母、草坪、大黄、当归、党参、地黄、番茄、番茄（保护地）、观赏菊花、黄瓜、黄精、黄连、辣椒、马铃薯、苹果树、葡萄、蔷薇科观赏花卉、人参、三七、西瓜、香蕉、玄参、烟草、油菜。

防治对象： 多种果树、蔬菜、瓜果类等作物早期落叶病、灰霉病、早疫病等病害。

防治特点： 异菌脲是一种广谱触杀型保护性杀菌剂，同时具有一定的治疗作用，也可通过根部吸收起内吸作用。可有效防治对苯并咪唑类内吸杀菌剂有抗性的真菌。

说明： 为预防抗性菌株的产生，作物全生育期异菌脲的施用次数要控制在3次以内，在病害发生初期和高峰前使用，可获得最佳效果。

禁忌： 不能与腐霉利、乙烯菌核利等作用方式相同的杀菌剂混用或轮用。不能与强碱性或强酸性的药剂混用。

使用方法： 参见具体产品的说明书。

36. 抑霉唑 Imazalil

类型： 抑霉唑是一种内吸性杀菌剂。

别名： 烯菌灵、恩康唑。

毒性： 低毒，ADI值为0.03毫克/千克体重。

作用机理： 抑霉唑可影响真菌细胞膜的渗透性、生理功能和脂类合成代谢，从而破坏霉菌的细胞膜，使其无法正常增殖，影响其正常生活，进而起到杀菌效果。另外可抑制霉菌孢子的形成。

农药登记的作物： 贝母、草莓、番茄、柑橘、柑橘（果实）、马铃薯、苹果树、葡萄、香蕉、烟草、杨梅树。

防治对象： 柑橘、杧果、香蕉、苹果、瓜类等作物病害，也可用于防治谷类作物病害。

防治特点：内吸性较强，传导性也较强，快速进入叶片和作物体内，能清除已侵入病害。

说明：对柑橘、香蕉和其他水果喷施式浸渍，能防治收获后的水果腐烂。

禁忌：对鱼类、水蚤类、蜜蜂、家蚕、鸟类、赤眼蜂毒性高，远离水产养殖区、河塘等水体。

使用方法：参见具体产品的说明书。

（三）中毒杀菌剂

1. 噁唑菌酮 Famoxadone

类型：噁唑菌酮是一种广谱杀菌剂，分子式$C_{22}H_{18}N_2O_4$。

毒性：中毒，ADI值为0.006毫克/千克体重。

作用机理：主要是抑制病原菌细胞中线体的电子转移，造成氧化磷酸化作用的停止，使病原菌细胞丧失能量来源而死亡。

农药登记的作物：白菜、番茄、柑橘树、观赏菊花、黄瓜、辣椒、马铃薯、苹果树、葡萄、西瓜。

防治对象：子囊菌纲、担子菌纲、卵菌亚纲中的重要病害，如白粉病、锈病、颖枯病、网斑病、霜霉病、早晚疫病等。

防治特点：具有保护、治疗、铲除、渗透、内吸活性，与苯基酰胺类杀菌剂无交互抗性。大量文献报道噁唑菌酮同甲氧基丙烯酸酯类杀菌剂有交互抗性。

说明：新型高效广谱杀菌剂，具有保护、治疗、铲除、渗透作用，有内吸活性。

禁忌：暂无。

使用方法：参见具体产品的说明书。

2. 氟硅唑 Flusilazole

类型：氟硅唑是三唑类内吸杀菌剂，分子式为$C_{16}H_{15}F_2N_3Si$，白色固体。

别名： 福星、克菌星。

毒性： 中毒，ADI值为0.007毫克/千克体重。

作用机理： 保护和治疗作用，渗透性强，可防治子囊菌、担子菌及部分半知菌引起的病害。

农药登记的作物： 菜豆、草坪、番茄、柑橘树、黄瓜、金银花、梨、梨树、苹果树、葡萄、人参、香蕉、香蕉树、橡胶树、玉米、枸杞。

防治对象： 子囊菌、担子菌及部分半知菌引起的病害。

防治特点： 防治梨、苹果、脐橙、大枣等的黑星病，在病发初期喷药，每隔7～10天喷一次，连续4～6次，每次用20%氟硅唑1 500～2 000倍液或40%氟硅唑乳油8 000～10 000倍液，能有效防治黑星病，并有兼治赤星病的作用。当病害发生高峰期，喷药间隔可适当缩短。

说明： 为了避免病菌对氟硅唑产生抗性，一个生长季内使用次数不宜超过4次，应与其他保护性药剂交替使用。

禁忌： 酥梨类品种在幼果期对此药敏感，应谨慎使用，否则易引起药害。

使用方法： 参见具体产品的说明书。

3. 威百亩 Metam-sodium

类型： 具有熏蒸作用的二硫代氨基甲酸酯类杀线虫剂。

别名： 甲基二硫代氨基甲酸钠、维巴姆、保丰收、硫威钠。

毒性： 中毒，ADI值为0.001毫克/千克体重。

作用机理： 抑制生物细胞分裂，抑制DNA、RNA和蛋白质的合成，以及造成生物呼吸受阻，能有效杀灭根结线虫、杂草等有害生物，从而获得洁净及健康的土壤。

农药登记的作物： 番茄、黄瓜、烟草（苗床）。

防治对象：线虫、真菌、细菌、地下害虫等引起的各类病虫害，并且兼防马塘、看麦娘、莎草等杂草。

防治特点：施药后保持土壤湿度在65%～75%，土壤温度10℃以上，施药均匀，药液在土壤中深度达15～20厘米，施药后立即覆盖塑料薄膜并封闭严密，防止漏气，密闭15天以上。

说明：地温10℃以上时使用效果良好，地温低时熏蒸时间需延长。

禁忌：远离水产养殖区、河塘等水域施药，禁止在河塘等水域中清洗施药器具。

使用方法：参见具体产品的说明书。

4. 萎锈灵 Carboxin

类型：萎锈灵是一种具有内吸作用的杂环类杀菌剂。

毒性：中毒，ADI值为0.008毫克/千克体重。

作用机理：为选择性内吸杀菌剂，它能渗入萌芽的种子而杀死种子内的病菌。萎锈灵对植物生长有刺激作用，并能使小麦增产。

农药登记的作物：春小麦、大豆、大麦、花生、棉花、水稻、小麦、玉米。

防治对象：高粱丝黑穗病等禾谷类黑穗病，也可防治小麦锈病、棉草病害、粟白发病等。

防治特点：该品为选择性较强的内吸杀菌剂，采用拌种、闷种和浸种等方法防治大小麦、燕麦、玉米、高粱、谷子等禾谷类黑穗病，亦可用于叶面喷洒防治小麦、豆类、梨等锈病，棉花苗期病害及黄萎病、立枯病，也可作木材防腐剂。萎锈灵对丝核菌有效，特别适用于棉花、花生、蔬菜和甜菜的种子处理。对作物具有生长刺激作用。

说明：经萎锈灵处理过的种子不可食用或饲用。萎锈灵对人畜低毒，但不可与眼睛接触。

禁忌：避免与氧化剂等禁配物接触。

使用方法：参见具体产品的说明书。

三、除草剂

（一）微毒除草剂

1.2甲4氯MCPA

类型：2甲4氯属苯氧羧酸类选择性除草剂，具有较强的内吸传导性。

别名：2-甲基-4-氯苯氧乙酸、芳米大、兴丰宝、2甲4氯酸。

毒性：微毒，ADI值为0.1毫克/千克体重。

作用机理：主要用于苗后茎叶处理，药剂穿过角质层和细胞质膜，最后传导到各部分，在不同部位对核酸和蛋白质合成产生不同影响，在植物顶端抑制核酸代谢和蛋白质的合成，使生长点停止生长，幼嫩叶片不能伸展，一直到光合作用不能正常进行；传导到植株下部的药剂，使植物茎部组织的核酸和蛋白质的合成增加，促进细胞异常分裂，根尖膨大，丧失吸收养分的能力，造成茎秆扭曲、畸形，筛管堵塞，韧皮部破坏，有机物运输受阻，从而破坏植物正常的生活能力，最终导致植物死亡。

农药登记的作物/场所：春玉米田、冬小麦田、非耕地、甘蔗田、柑橘园、苹果园、水稻插秧田、水稻田、水稻田（直播）、水稻移栽田、夏玉米田、小麦田、移栽水稻田、玉米田。

防治对象：水稻、小麦与其他旱地作物防治三棱草、鸭舌草、泽泻、野慈姑及其他阔叶杂草。

防治特点：防止番茄等果实早期落花落果，并形成无子果实，促进作物早熟，加速插条生根。也可用作除草剂。

说明：宜在水稻分蘖末期施药。

禁忌：严禁用于双子叶作物。

使用方法：参见具体产品的说明书。

2. 氨吡啶酸 Picloram

类型：杂环化合物类除草剂，内吸激素类。

别名：毒莠定、毒莠定101。

毒性：微毒，ADI值为0.3毫克/千克体重。

作用机理：主要用于核酸代谢，并且使叶绿体结构及其他细胞器发育畸形，干扰蛋白质合成，作用于分生组织活动等，最后导致植物死亡。

农药登记的作物/场所：春小麦田、春油菜、春油菜田、非耕地、狗牙根草坪、森林、小麦田、油菜田。

防治对象：除十字花科作物外大多数阔叶作物。

防治特点：可以防治大多数双子叶杂草、灌木。对根生杂草如刺儿菜、小旋花等效果突出。对十字花科杂草效果差。可被植物叶片、根和茎部吸收传导。能够快速向生长点传导，引起植物上部畸形、枯萎、脱叶、坏死，木质部导管受堵变色，最终导致死亡。

说明：在土壤中较为稳定，半衰期1～12个月。高温高湿衰解快。

禁忌：暂无。

使用方法：参见具体产品的说明书。

3. 苄嘧磺隆 Bensulfuron-methyl

类型：选择性内吸传导型除草剂。

别名：农得时。

毒性：微毒，ADI值为0.2毫克/千克体重。

作用机理：药剂在水中迅速扩散，经杂草根部和叶片吸收后转移到其他部位，阻碍支链氨基酸生物合成。

农药登记的作物/场所：蒜田、冬小麦田、非耕地、柑橘园、免耕直播水稻田、抛秧水稻、水稻、水稻半旱育秧田、水稻插秧田、水稻旱育秧田、水稻旱直播田、水稻机插秧田、水稻抛秧田、水稻抛栽田、水稻水秧田、水稻、水稻田（直播）、水稻秧田、水稻秧田和南方直播田、水稻移栽田、水稻育秧田、橡胶园、小麦田、移栽水稻田、直播水稻（南方）、直播水稻田。

防治对象：稻田防除一年生及多年生阔叶杂草和莎草科杂草，包括鸭舌草、眼子菜、节节菜、牛毛草、异型莎草、水莎草等。

防治特点：敏感杂草生长机能受阻、幼嫩组织过早发黄，抑制叶部、根部生长。能被杂草根、叶吸收并传到其他部位。对水稻安全，使用方法灵活。

说明：对稗草效果差，以稗草为主的秧田不宜使用。

禁忌：该药用量少，必须称量准确。

使用方法：参见具体产品的说明书。

4. 烯禾啶 Sethoxydim

类型：肟类除草剂。

别名：拿捕净、乙草丁、丙酮中烯禾定、硫乙草灭。

毒性：微毒，ADI值为0.14毫克/千克体重。

作用机理：选择性很强的内吸传导型茎叶处理剂，能被禾本科杂草茎叶迅速吸收，并传导到顶端和节间分生组织，使细胞分裂破坏致死。

农药登记的作物/场所：春大豆、春大豆田、大豆田、谷子田、花生田、棉花田、甜菜田、夏大豆田、亚麻、油菜田。

防治对象：大豆、棉花、油菜、花生、马铃薯、甜菜、向日葵、亚麻等作物及果园，防除稗草、野燕麦、狗尾草、看麦娘、马唐、牛筋草等，对阔叶杂草无效。

防治特点：受药杂草在14～21天内全株枯死，对阔叶杂草无防除效果，对阔叶作物安全。在土壤中持效期较短，施药当天可播种阔叶作物。

说明：应在晴天上午或下午施药，避免在中午气温高时喷药。长期干旱无雨，空气湿度低于65%时不宜施药。

禁忌：施药后不要急于采取其他除草措施。

使用方法：参见具体产品的说明书。

5. 二甲戊灵 Pendimethalin

类型：二硝基苯胺类除草剂。

别名：施田补、田普、除芽通。

毒性：微毒，ADI值为0.1毫克/千克体重。

作用机理：主要是抑制分生组织细胞分裂，不影响杂草种子的萌发，而是在杂草种子萌发过程中，幼芽、茎和根吸收药剂后而起作用，双子叶植物吸收部位为下胚轴，单子叶植物为幼芽，其受害症状是幼芽和次生根被抑制而达到除草的目的。

农药登记的作物/场所：白菜、春大豆田、春玉米田、大豆田、大蒜、大蒜田、甘蓝、甘蓝（保护地）、甘蓝田、花生田、姜、姜田、韭菜、韭菜田、马铃薯、马铃薯田、棉花、棉花田、苗圃（金叶女贞）、水稻旱秧田、水稻旱育秧田、水稻旱直播田、水稻田（直播）、水稻秧田、水稻移栽田、蒜田、夏玉米田、烟草、烟草田、洋葱田、移栽白菜、移栽甘蓝田、移栽水稻田、玉米地、玉米田、直播水稻田。

防治对象：玉米、大豆、棉花、蔬菜及果园，防除马唐、狗尾草、早熟禾、看麦娘、牛筋草、灰黎、鳢肠、龙葵、藜、苋等一年生禾本科和阔叶杂草。

防治特点：二甲戊灵能有效地抑制烟草的腋芽发生，提高烟叶的产量和改善品质。对菟丝子幼苗生长也有很强的抑制作用。

说明：在土壤处理时，先施药后灌水，可增加土壤对药剂吸附，减少药害。在双子叶杂草较多的田块，应考虑与其他除草剂混用。

禁忌：二甲戊灵对鱼类高毒，注意使用，不得污染水源和鱼塘。

使用方法：参见具体产品的说明书。

6. 二氯吡啶酸 Clopyralid

类型：一种人工合成的植物生长激素。

别名：3,6-二氯吡啶-2-羧酸、毕克草Ⅱ号、龙拳。

毒性：微毒，ADI值为0.15毫克/千克体重。

作用机理：低浓度的二氯吡啶酸能够刺激植物DNA、RNA和蛋白质的合成，从而导致细胞分裂的失控和无序生长，最后导致管束被破坏；高浓度的二氯吡啶酸则能够抑制细胞的分裂和生长。

农药登记的作物/场所：春小麦田、春油菜、春油菜田、春玉米田、冬油菜田、非耕地、免耕春油菜田、苗圃（云杉）、甜菜田、夏玉米田、油菜田、玉米田。

防治对象：油菜、玉米、草坪等田间一年生阔叶杂草和深根多年生阔叶杂草（菊科和豆科杂草）。

防治特点：它的化学结构和许多天然的植物生长激素类似，但在植物的组织内具有更好的持久性。它主要通过植物的根和叶吸收然后在植物体内进行传导，所以其传导性能较强。对杂草施药后，它被植物的叶片或根部吸收，在植物体中上下移动并迅速传导到整个植株。

说明：对豆科和菊科多年生杂草有特效，主要应用于油菜田。

禁忌：在湿地周围使用会严重污染地表水。

使用方法：参见具体产品的说明书。

7. 氟唑磺隆 Flucarbazone-sodium

类型：磺酰脲类内吸型高效小麦田除草剂。

别名：彪虎（进口商品名称）。

毒性：微毒，ADI值为0.36毫克/千克体重。

作用机理：抑制杂草体内乙酰乳酸合成酶的活性，破坏杂草正常的生理生化代谢而发挥除草活性。

农药登记的作物/场所：春小麦田、冬小麦田、小麦田。

防治对象：野燕麦、雀麦、看麦娘等禾本科杂草和多种双子叶杂草。

防治特点：氟唑磺隆对野燕麦、雀麦、看麦娘等禾本科杂草和多种双子叶杂草有明显防效。氟唑磺隆是一种全新化合物，其有效成分可被杂草的根和茎叶吸收，可有效防除小麦田大部分禾本科杂草，同时也可有效控制部分阔叶杂草。在小麦体内可很快代谢，对小麦的安全性极高。

说明：目前唯一具有封闭作用的小麦田除草剂。

禁忌：暂无。

使用方法：参见具体产品的说明书。

8. 氯氟吡氧乙酸

类型：内吸传导型苗后除草剂。

别名：使它隆、盾隆。

毒性：微毒，ADI值为1毫克/千克体重。

作用机理：药后很快被植物吸收，使敏感植物出现典型激素类除草剂的反应，植株畸形、扭曲，最终枯死。

农药登记的作物/场所：草坪（狗牙根）、春小麦田、春玉米田、冬小麦、冬小麦田、非耕地、高粱、高羊茅草坪、狗牙根草坪、水稻移栽田、水田畦畔、夏玉米田、小麦田、移栽水稻田、玉米田。

防治对象：小麦、大麦、玉米、葡萄、果园、牧场、林地、草坪等地防除阔叶杂草，如猪殃殃、卷茎蓼、马齿苋、龙葵、田旋花、蓼、苋等，对禾本科杂草无效。

防治特点：在土壤中易降解，半衰期较短，不会对后茬作物造成药害。

禁忌：在果园施药，避免将药液直接喷到果树上。

使用方法：参见具体产品的说明书。

9. 氯氟吡氧乙酸异辛酯 Fluroxypyr

类型：内吸传导型苗后茎叶处理除草剂。

别名：氟草定、氟草烟。

毒性：微毒，ADI值为1毫克/千克体重。

作用机理：施药后很快被杂草吸收，使敏感植物出现典型激素类除草剂的反应，并传导到全株各部位，使植株畸形、扭曲，最后死亡。

农药登记的作物/场所：春小麦田、春玉米田、冬小麦田、非耕地、高粱田、狗牙根草坪、水稻田（直播）、水稻移栽田、水田畦畔、夏玉米田、小麦田、玉米田、桉树林。

防治对象：小麦、大麦、玉米、葡萄、果园、牧场、林地、草坪等地防除阔叶杂草，如猪殃殃、卷茎蓼、马齿苋、龙葵、田旋花、蓼、苋等，对禾本科杂草无效。

防治特点：在土壤中易降解，半衰期较短，不会对后茬作物造成药害。

说明：应在气温低、风速小时喷施药剂，空气相对湿度低于65%、气温高于28℃、风速超过4米/秒时停止施药。

禁忌：在果园施药，避免将药液直接喷到果树上。

使用方法：参见具体产品的说明书。

10. 麦草畏 Dicamba

类型：传导性芽后除草剂。

别名：3,6-二氯-2-甲氧基苯甲酸、百草敌、麦草威。

毒性：微毒，ADI值为0.3毫克/千克体重。

作用机理：苗后喷雾，药剂通过杂草的茎、叶、根吸收，通过韧皮部及木质部上下传导，阻碍植物激素的正常活动，从而使其死亡。

农药登记的作物/场所：春大豆田、大豆、大豆田、冬油菜、冬油菜田、非耕地、花生、花生田、棉花、棉花田、甜菜、夏大豆田。

防治对象：小麦、玉米、谷子、水稻等禾本科作物防除猪殃殃、荞麦蔓、藜、牛繁缕、大巢菜、播娘蒿、苍耳、薄蒴草、田旋花、刺儿菜、问荆、鲤肠等杂草。

防治特点：一般用48%水剂3~4.5克/100米^2（有效成分1.44~2克/100米^2）。由于麦草畏杀草谱较窄，对某些抗性杂划效果不佳。对小麦安全性较小，常与2,4-滴丁酯或2甲4氯胺盐混用。用作植物发芽后的除草剂，常与一种或多种苯氧羧酸类除草剂或其他除草剂混合加工成混剂，用于谷物地除草，对小麦、玉米等作物中的一季生和多季生阔叶杂草有显著效果。

说明：禾本科植物吸收后能很快代谢分解使之失效，表现较强的抗药性，故对小麦、玉米、水稻等禾本科作物比较安全。

禁忌：对家兔眼睛有刺激和腐蚀作用，对家兔皮肤有中等刺激。

使用方法：参见具体产品的说明书。

11. 咪唑喹啉酸 Imazaquin

类型：该产品为咪唑啉酮类高效、选择性除草剂，是侧链氨基酸合成抑制剂。

别名：灭草喹。

毒性：微毒，ADI值为0.25毫克/千克体重。

作用机理：通过抑制植物的乙酰乳酸合成酶，阻止支链氨基酸（如缬氨酸、亮氨酸、异亮氨酸）的生物合成，从而破坏蛋白质的合成，干扰DNA合成及细胞分裂与生长，最终造成植株死亡。

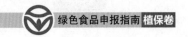

农药登记的作物/场所：春大豆田。

防治对象：豆田、花生田除草，可有效防除蓼、藜、反枝苋、鬼针草、苍耳、苘麻等阔叶杂草，对臂形草、马唐、野黍、狗尾草属等禾本科杂草也有一定防治效果。

防治特点：通过植株叶与根的吸收，在木质部与韧皮部传导，积累于分生组织中。茎叶处理后，敏感杂草立即停止生长，经2～4天后死亡。土壤处理后，杂草顶端分生组织坏死，生长停止，而后死亡。

说明：施药喷洒要均匀周到，不宜飞机喷洒，地面喷药应注意风向、风速，以免飘移造成敏感作物危害。

禁忌：不能在杂草四叶期后施用。

使用方法：参见具体产品的说明书。

12. 五氟磺草胺 Penoxsulam

类型：三唑并嘧啶磺酰胺除草剂。

别名：5-氟磺草胺。

毒性：微毒，ADI值为0.147毫克/千克体重。

作用机理：通过木质部和韧皮部传导至分生组织，抑制植株生长，使生长点失绿，处理后7～14天顶芽变红，坏死，2～4周植株死亡。该药剂为强乙酰乳酸合成酶抑制剂，药剂呈现较慢，需一定时间杂草才逐渐死亡。

农药登记的作物/场所：水稻、水稻（育秧苗）、水稻抛秧田、水稻田、水稻田（直播）、水稻秧田、水稻移栽田、水稻育秧田、移栽水稻田、直播水稻田。

防治对象：稗草（包括对敌稗、二氯喹啉酸及抗乙酰辅酶A羧化酶具抗性的稗草）、一年生莎草科杂草，并对众多阔叶杂草有效。

防治特点：五氟磺草胺对水稻十分安全，2005年与2006年在美国对10个水稻品种于2～3叶期以70克/公顷剂量喷施，结果是稻株高度、抽穗期及产量均无明显差异，表明所有品种均对该药剂有较强抗耐性。当超高剂量时，早期对水稻根部的生长有一定的抑制作用，但迅速恢复，不影响产量。

说明：持效期长达30~60天，一次用药能基本控制全季杂草为害。

禁忌：暂无。

使用方法：参见具体产品的说明书。

13. 酰嘧磺隆 Amidosulfuron

类型：属磺酰脲类除草剂。

别名：氨基嘧黄隆。

毒性：微毒，ADI值为0.2毫克/千克体重。

作用机理：杂草通过茎叶吸收抑制细胞有些分裂，植株停止生长而死亡。

农药登记的作物/场所：冬小麦田、小麦田。

防治对象：小麦、玉米田阔叶杂草。

防治特点：酰嘧磺隆是内吸性除草剂，在土壤中易被微生物分解，在特荐用量下持效期适中，对后茬水稻、玉米等作物安全与后茬作物安全间隔期为90天；施药适期宽，在小麦分蘖期、返青期、拔节期均可使用，产品为50%水分散粒剂。

说明：可与甲基碘磺隆钠盐、苯磺隆、2甲4氯等防除阔叶杂草的除草剂减量混用以扩大杀草谱。

禁忌：对皮肤和眼睛有轻微刺激作用。

使用方法：参见具体产品的说明书。

（二）低毒除草剂

1. 丙草胺 Pretilachlor

类型：具有高选择性的水稻田专用除草剂。

别名：扫莆特、瑞飞特。

毒性： 低毒，ADI值为0.018毫克/千克体重。

作用机理： 选择性芽前除草剂，细胞分裂抑制剂。杂草通过中下胚轴和胚芽鞘吸收药剂，干扰蛋白质合成，对杂草的光合作用和呼吸作用也有间接影响。

农药登记的作物/场所： 小麦田、水稻旱直播田、水稻机插秧田、水稻抛秧田、水稻抛栽田、水稻田、水稻田（直播）、水稻秧田、水稻移栽田、水稻育秧田、移栽水稻田、直播水稻（南方）、直播水稻田、茭白田。

防治对象： 水稻田防除稗草、光头稗、千金子、牛筋草、牛毛毡、窄叶泽泻、水苋菜、异型莎草、碎米莎草、丁香蓼、鸭舌草等一年生禾本科和阔叶杂草。

防治特点： 通常在插秧前3～5天使用。单施时对湿插水稻选择性较差，当与解草啶一起使用时对直插水稻有极好的选择性。如丙草胺（600克/公顷）与解草啶（200克/公顷）混合施用，对鸭舌草、异型莎草、尖瓣花、飘拂草等防效均在90%以上，对千金子防效达100%。

说明： 地整好后要及时播种、用药，否则杂草出土，影响药效。

禁忌： 播种的稻谷要根芽正常。切忌有芽无根。

使用方法： 参见具体产品的说明书。

2. 丙炔氟草胺 Flumioxazin

类型： 触杀型选择性除草剂。

毒性： 低毒，ADI值为0.02毫克/千克体重。

作用机理： 用其处理土壤表层后，药剂被土壤粒子吸收，在土壤表面形成处理层，等到杂草发芽时，幼苗接触药剂处理层就枯死。茎叶处理时，可被植物的幼芽和叶片吸收，在植物体内进行传导，在敏感杂草叶面作用迅速，引起原卟啉积累，使细胞膜脂质过氧化作用增强，从而导致敏感杂草的细胞膜结构和细胞功能不可逆损害。阳光和氧是该药剂除草活性必不可少的条件。

农药登记的作物/场所：春大豆田、大豆田、非耕地、柑橘园、花生田、棉花田、夏大豆田。

防治对象：大豆、花生、果园等作物田防除一年生阔叶杂草和部分禾本科杂草。

防治特点：丙炔氟草胺为由幼芽和叶片吸收的除草剂，处理土壤可有效防除一年生阔叶杂草和部分禾本科杂草，在环境中易降解，对后茬作物安全。大豆、花生对其有很好的耐药性。

说明：大豆发芽后施药易产生药害，所以必须在苗前施药。

禁忌：暂无。

使用方法：参见具体产品的说明书。

3. 草铵膦 Glufosinate-ammonium

类型：广谱触杀型灭生性除草剂。

别名：草胺磷铵盐、草铵磷、草丁膦、保试达、百速顿。

毒性：低毒，ADI值为0.01毫克/千克体重。

作用机理：草铵膦作用与谷氨酰胺合成酶（Glutamine Synthetase，GS）有关，这种酶在植物的氮代谢过程中催化谷氨酸与铵离子合成谷氨酰胺。而当草铵膦进入植物体内后，能与ATP相结合并占据谷氨酰胺合成酶的反应位点，从而不可逆地抑制谷氨酰胺合成酶的活性并破坏之后的一系列代谢过程。谷氨酰胺合成酶受到抑制后，谷氨酰胺的合成受阻，继而植物体内氮代谢发生紊乱，蛋白质和核苷酸等物质的合成减少，光合作用受阻，叶绿素合成减少，同时，细胞内铵离子的含量增加，使得细胞膜遭到破坏，叶绿体解体，最终导致植物全株枯死。

农药登记的作物/场所：茶园、冬枣园、非耕地、柑橘园、咖啡园、梨园、荔枝园、杧果园、木瓜、木瓜园、苹果园、葡萄园、桑园、蔬菜地、桃园、香蕉园、杨梅园、豇豆田。

防治对象：果园、葡萄园、马铃薯田、非耕地等防治一年生和多年生双子叶杂草及禾本科杂草。

防治特点：杀草谱广、低毒、活性高，与环境相容性好等。

说明：草铵膦的作用能够持续25～45天，控草时间长于其他除草剂。

禁忌：草铵膦对土壤中的一些微生物能够产生一定的影响。

使用方法：参见具体产品的说明书。

4. 环嗪酮 Hexazinone

类型：内吸选择性、芽后触杀性三氮苯类除草剂。

别名：林草净、威尔柏。

毒性：低毒，ADI值为0.05毫克/千克体重。

作用机理：抑制植物的光合作用，植物的根系和叶面都能吸收环嗪酮，通过植物的木质部传导，使其代谢紊乱，导致植物死亡。

农药登记的作物/场所：甘蔗田、森林、森林防火道。

防治对象：大部分单子叶和双子叶杂草及木本植物，如黄花忍冬、珍珠梅、榛子、柳叶绣线菊、刺五加、山杨、木桦、椴、水曲柳、黄波罗、核桃揪等。

防治特点：木本植物通过根系吸收向上传导到叶片，阻碍光合作用，造成树木死亡。在土壤中移动性大，进入土壤后能被土壤微生物分解。对松树根部没有伤害。

说明：使用时注意树种，落叶松敏感，不能使用。

禁忌：兑水后是稍微有危害的，不能让未稀释或大量的产品接触地下水、水道或者污水系统，若无政府许可，勿将材料排入周围环境。

使用方法：参见具体产品的说明书。

5. 磺草酮 Sulcotrione

类型：除草剂。淡褐色固体。

毒性：制剂低毒。

作用机理：三酮类除草剂的作用方式至今仍未完全弄清楚，很可能是叶绿素的合成直接受到影响，作用于类胡萝卜素合成。由于这一作用方式，它不可能与三嗪类除草剂有交互抗性。

农药登记的作物/场所：春玉米田、夏玉米、夏玉米田、玉米田。

防治对象：阔叶杂草及某些单子叶杂草，如藜、茄、龙葵、蓼、酸模叶蓼、马唐、血根草、锡兰稗和野黍。

防治特点：芽后施用，用药量（有效成分）300～450克/公顷的剂量可防除阔叶杂草和禾本科杂草。高剂量（有效成分）900克/公顷，对玉米也安全，但遇干旱和低洼积水时，玉米叶会有短暂的脱色症状，对玉米生长的重量无影响。在正常轮作条件下，对冬小麦、大麦、冬油菜、马铃薯、甜菜和豌豆等安全。

说明：可以单用、混用或连续施用，防除玉米杂草。

禁忌：暂无。

使用方法：参见具体产品的说明书。

6. 甲草胺 Alachlor

类型：选择性旱地芽前除草剂。

别名：拉索、澳特拉索、草不绿。

毒性：低毒，ADI值为0.01毫克/千克体重。

作用机理：植物幼芽吸收药剂后，抑制蛋白酶的活力，阻碍蛋白质合成，致使杂草死亡。

农药登记的作物/场所：春玉米田、大葱、大豆田、大蒜、大蒜田、花生田、姜、姜田、棉花田、水稻移栽田、夏大豆田、夏玉米田、移栽水稻田、玉米田。

防治对象：大豆、棉花、甜菜、玉米、花生、油菜等旱地作物田间的一年生禾本科杂草，如稗草、牛筋草、秋稷、马唐、狗尾草、蟋蟀草、臂形草等。

防治特点：用作芽前和芽后早期除草剂，可防除棉花、玉米、油菜、花生、大豆和甘蔗中一年生禾本科杂草和许多阔叶杂草。主要用于在出苗前的杂草，对已出土杂草基本无效。应注意在杂草种子萌动高峰而又未出土前喷药，方能获得最大药效。

禁忌：在强酸或碱性条件下分解。

使用方法：参见具体产品的说明书。

7. 精吡氟禾草灵 Fluazifop-P

类型：内吸传导型茎叶处理除草剂。

毒性：中毒，ADI值为0.004毫克/千克体重。

作用机理：脂肪酸合成抑制剂。

农药登记的作物/场所：春大豆田、大豆、大豆田、冬油菜、冬油菜田、非耕地、花生、花生田、棉花、棉花田、甜菜、夏大豆田。

防治对象：大豆、棉花、马铃薯、烟草、亚麻、蔬菜、花生等作物田禾本科杂草。

防治特点：对禾本科杂草具有很强的杀伤作用，对阔叶作物安全。可用于防除大豆、棉花、马铃薯、烟草、亚麻、蔬菜、花生等作物田禾本科杂草，杂草吸收药剂的主要部位是茎和叶，施入土壤后药剂也可通过根系吸收，48小时后杂草出现中毒症状，首先停止生长，随之芽和节的分生组织出现枯斑，心叶和其他叶片部位逐渐变紫色或黄色，枯萎死亡。如防除大豆地杂草，一般在大豆2～4叶期，用35%乳油7.5～15毫升/100米^2（多年生杂草19.5～25毫升/100米^2）对水4.5千克茎叶喷雾处理。

说明：用于防治一年生和多年生禾本科杂草。

禁忌：库房必须安装避雷设备。

使用方法：参见具体产品的说明书。

8. 精喹禾灵 Quizalofop-P

类型：精喹禾灵是一种高度选择性的新型旱田茎叶处理剂。

别名：精禾草克。

毒性：制剂低毒，ADI值为0.000 9毫克/千克体重。

作用机理：通过杂草茎叶吸收，在植物体内向上和向下双向传导，积累在顶端及居间分生，抑制细胞脂肪酸合成，使杂草坏死。

农药登记的作物/场所：春大豆、春大豆田、春油菜、春油菜田、大白菜、大白菜田、大豆、大豆田、冬油菜、冬油菜（移栽田）、冬油菜田、非耕地、红小豆田、花生、花生田、林业苗圃、绿豆田、马铃薯田、棉花、棉花田、苗圃（金叶女贞）、西瓜、西瓜田、夏大豆、夏大豆田、小葱田、烟草田、油菜、油菜田、芝麻、芝麻田。

防治对象：野燕麦、稗草、狗尾草、金狗尾草、马唐、野黍、牛筋草、看麦娘、画眉草、千金子、雀麦、大麦属、多花黑麦草、毒麦、稷属、早熟禾、双穗雀稗、狗牙根、白茅、匍匐冰草、芦苇等一年生和多年生禾本科杂草。

防治特点：精喹禾灵在禾本科杂草和双子叶作物间有高度的选择性，对阔叶作物田的禾本科杂草有很好的防效。精喹禾灵作用速度更快，药效更加稳定，不易受雨水、气温及湿度等环境条件的影响。

说明：土壤水分空气湿度较高时，有利于杂草对精喹禾灵的吸收和传导。

禁忌：误饮应多喝水，将药液吐出，安静以后马上采取抢救措施。

使用方法：参见具体产品的说明书。

9. 精异丙甲草胺 S-metolachlor

类型：选择性芽前除草剂。

毒性：低毒，ADI值为0.1毫克/千克体重。

作用机理：主要通过萌发杂草的芽鞘、幼芽吸收而发挥杀草作用。

农药登记的作物/场所：菜豆田、春大豆田、春玉米田、大豆田、大蒜田、冬油菜田、冬枣园、番茄地、番茄田、甘蓝田、花生田、马铃薯田、棉花田、甜菜田、西瓜田、夏大豆田、夏玉米、夏玉米田、向日葵田、烟草田、洋葱田、油菜（移栽田）、玉米田、芝麻田。

防治对象：一年生杂草和某些阔叶杂草。

防治特点：高效、低毒、低残留。

说明：残效期一般为30～35天，所以一次施药需结合人工或其他除草措施，才能有效控制作物全生育期杂草为害。

禁忌：不得用于水稻秧田和直播田，不得随意加大用药量。

使用方法：参见具体产品的说明书。

10. 绿麦隆 Chlortoluron

类型：一种选择性内吸传导型脲类除草剂。

别名：N-（3-氯-4-甲基苯基）-N′，N′-二甲基脲。

毒性：低毒，ADI值为0.04毫克/千克体重。

作用机理：主要通过杂草的根系吸收，并有叶面触杀作用，是杂草光合作用电子传递抑制剂，使杂草饥饿而死亡。

农药登记的作物/场所：春小麦田、春玉米田、大麦、大麦田、冬小麦田、夏玉米田、小麦、小麦田、玉米、玉米田。

防治对象：麦类、棉花、玉米、谷子、花生等作物田间防除看麦娘、早熟禾、野燕麦、繁缕、猪殃殃、藜、婆婆纳等多种禾本科及阔叶杂草。

防治特点：施药后3天，杂草开始表现中毒症状，叶片褪绿，叶尖和心叶相继失绿，约10天整株干枯而死亡，在土壤中的持效期70天以上。主要作播后苗前土壤处理，也可在麦苗三叶期时作茎叶处理。

说明：作用比较缓慢，持效期70天以上。

禁忌：绿麦隆在土壤中残效时间长，对后茬敏感作物，可能有不良影响。应严格掌握用药量和用药时间。

使用方法：参见具体产品的说明书。

11. 灭草松 Bentazone

类型：一种杂环类触杀型及轻微内吸性除草剂。

别名：苯达松、排草丹、百草克。

毒性：低毒，ADI值为0.09毫克/千克体重。

作用机理：主要经过叶片吸收（水田中根系也可吸收），经叶面渗透传导到叶绿体内，抑制光合作用电子传递。施药后2小时光合作用过程的二氧化碳吸收、同化过程受抑制；11小时全部停止，叶萎蔫变黄，最后导致死亡。部分作物可以代谢灭草松，使之快速降解为无活性物质。

农药登记的作物/场所：草原牧场、茶园、春大豆、春大豆田、大豆、大豆田、冬小麦田、甘薯、甘薯田、花生田、马铃薯田、水稻、水稻插秧田、水稻抛秧田、水稻田、水稻田（直播）、水稻移栽田、夏大豆、夏大豆田、夏玉米田、小麦、小麦田、移栽水稻田、玉米田、直播水稻田。

防治对象：大豆田内苗后阔叶杂草及莎草。

防治特点：水田使用灭草松时应在阔叶杂草及莎草大部分出齐时施药，将药剂均匀喷洒在杂草茎叶上，两天后灌水。

禁忌：存在严重干旱和水涝的田间不宜使用，否则易发生药害。

使用方法：参见具体产品的说明书。

12. 氰氟草酯 Cyhalofop butyl

类型：属芳氧基苯氧基丙酸类除草剂。

别名：千金。

毒性：低毒，ADI值为0.01毫克/千克体重。

作用机理：由植物体的叶片和叶鞘吸收，韧皮部传导，积累于植物体的分生组织区，抵制乙酰辅酶A羧化酶（ACCase），使脂肪酸合成停止，细胞的生长分裂不能正常进行，膜系统等含脂结构破坏，最后导致植物死亡。

农药登记的作物/场所：水稻插秧田、水稻田（直播）、水稻秧田、水稻秧田和南方直播田、水稻移栽田、移栽水稻田、直播水稻（南方）、直播水稻田。

防治对象：禾本科杂草，如马唐、双穗雀稗、狗尾草、牛筋草、看麦娘等。对莎草科杂草和阔叶杂草无效。

防治特点：水稻田选择性除草剂，只能作茎叶处理，芽前处理无效，主要防除稗草，千金子等禾本科杂草。从氰氟草酯被吸收到杂草死亡比较缓慢，一般需要1~3周。杂草在施药后的症状如下：四叶期的嫩芽萎缩，导致死亡；二叶期的老叶变化极小，保持绿色。

说明：其与部分阔叶除草剂混用时有可能会表现出拮抗作用，表现为氰氟草酯药效降低。

禁忌：该药对水生节肢动物毒性大，避免流入水产养殖场所。

使用方法：参见具体产品的说明书。

13. 炔草酯 Clodinafop-propargyl

类型：芳氧苯氧丙酸类除草剂。

别名：炔草酸酯。

毒性：制剂低毒。

作用机理：通过杂草的根、茎、叶吸收，在木质部与韧皮部传导，积累于分生组织中，通过抑制植物乙酰乳酸合成酶阻止支链氨基酸（如缬氨酸、亮氨酸、异亮氨酸）的生物合成，破坏蛋白质的合成，干扰DNA合成及细胞的分裂与生长，最终造成植株死亡。

农药登记的作物/场所：春小麦田、冬小麦田、小麦田。

防治对象：野燕麦、看麦娘、燕麦、黑麦草、普通早熟禾、狗尾草等。

防治特点：炔草酯主要通过杂草叶部组织吸收，通过木质部由上向下传导，并在分生组织中累计，高温、高湿条件下可以加速传导速度，低温条件下药效稳定，即使在下雪天也能施用，只要施药后1周左右不出现强降温低温霜冻天气，一般不会对小麦造成太大的不良影响。

说明：茎叶处理后数小时敏感杂草立即停止生长，24天后杂草死亡。药效不受温度影响。

禁忌：炔草酯在土壤中迅速降解，在土壤中基本无活性，对后茬作物无影响。

使用方法：参见具体产品的说明书。

14. 噻吩磺隆 Thifensulfuron-methyl

类型：噻吩磺隆属内吸传导型苗后选择性除草剂。

别名：阔叶散、噻黄隆、噻黄隆甲酯、Dpx-M6316。

毒性：低毒，ADI值为0.07毫克/千克体重。

作用机理：支链氨基酸合成抑制剂，能抑制缬氨酸、亮氨酸、异亮氨酸的生物合成，阻止细胞分裂，使敏感作物停止生长。

农药登记的作物/场所：春大豆、春大豆田、春玉米田、大豆田、冬小麦、冬小麦田、花生田、马铃薯田、夏大豆、夏大豆田、夏花生田、夏玉米田、小麦田、玉米田。

防治对象：禾谷类作物防除一年生阔叶杂草。

防治特点：是一种高效选择性芽后茎叶处理剂，能用于禾谷类作物防除一年生阔叶杂草。主要通过杂草叶面和根系吸收并传导。一般施药后，敏感杂草立即停止生长，1周后死亡。

说明：小麦、大麦、燕麦等禾谷类作物于苗后2叶期至孕穗期，一年生阔叶杂草苗期于开花前，每亩用75%悬浮剂1.6~3.1

克，兑水30千克，均匀喷雾杂草。

禁忌：对阔叶作物敏感，喷药时切勿污染以防引起药害。

使用方法：参见具体产品的说明书。

15. 双草醚 Bispyribac-sodium

类型：双草醚属嘧啶水杨酸类除草剂。

别名：2,6-双苯酸钠。

毒性：低毒，ADI值为0.01毫克/千克体重。

作用机理：双草醚是高活性的乙酰乳酸合成酶（ALS）抑制剂，施药后能很快被杂草的茎叶吸收，并传导至整个植株，抑制植物分生组织生长，从而杀死杂草。

农药登记的作物/场所：非耕地、水稻抛秧田、水稻田（直播）、水稻移栽田、直播水稻（南方）、直播水稻田。

防治对象：稻田稗草及其他禾本科杂草，兼治大多数阔叶杂草、一些莎草科杂草及对其他除草剂产生抗性的稗草。

防治特点：高效、广谱、用量极低。

说明：对大龄稗草和双穗雀稗有特效，可杀死1~7叶期的稗草。

禁忌：只能用于稻田除草。

使用方法：参见具体产品的说明书。

16. 双氟磺草胺 Florasulam

类型：三唑并嘧啶磺酰胺类超高效除草剂。

别名：麦喜为、麦施达、双氟磺草胺。

毒性：低毒，ADI值为0.05毫克/千克体重。

作用机理：双氟磺草胺是内吸传导型除草剂，可以传导至杂草全株，因而杀草彻底，不会复发。

农药登记的作物/场所：冬小麦、冬小麦田、高羊茅草坪、小麦田、玉米田。

防治对象：麦田大多数阔叶杂草，包括猪殃殃（茜草科）、麦家公（紫草科）、泽漆（大戟科）等。

防治特点：在低温下药效稳定，即使是在2℃时仍能保证稳定药效，这一点是其他除草剂无法比拟的。用于小麦田防除阔叶杂草。进口5%双氟磺草胺SC，商品名普瑞麦。双氟磺草胺杀草谱广，可防除麦田大多数阔叶杂草，包括猪殃殃（茜草科）、麦家公（紫草科）等难防杂草，并对麦田中最难防除的泽漆（大戟科）有非常好的抑制作用。

说明：土壤湿度大时用药量酌减。

禁忌：暂无。

使用方法：参见具体产品的说明书。

17. 甜菜安 Desmedipham

类型：氨基甲酸酯类选择性苗后茎叶除草剂。

别名：甜草灵、双苯胺灵。

毒性：低毒，ADI值为0.04毫克/千克体重。

作用机理：主要通过杂草叶部吸收传导到杂草各部分，抑制杂草的光合作用达到杀草效果，主要用于防除甜菜田一年生阔叶杂草。

农药登记的作物/场所：草莓田、甜菜田。

防治对象：用于甜菜苗后，控制阔叶杂草。

防治特点：选择内吸性除草剂，通过叶面吸收，光合作用抑制剂。用在甜菜地苗后防除阔叶杂草（如苋菜）。可与甜菜安混用。甜菜安只能通过叶子吸收，正常生长条件下土壤和湿度对其药效无影响，杂草生长期最适宜用药。对甜菜安全。

说明：最佳施用时期为一年生阔叶杂草子叶2～4叶期。

禁忌：配制药剂时应使用清水配制，避免与碱性介质混配，以免在碱性介质中水解失效。

使用方法：参见具体产品的说明书。

18. 甜菜宁 Phenmedipham

类型：选择性芽后氨基甲酸酯类除草剂。

别名：苯敌草、凯米丰。

毒性：低毒，ADI值为0.03毫克/千克体重。

作用机理：抑制光合作用中希尔反应的电子传递，使同化作用遭破坏造成杂草死亡。

农药登记的作物/场所：草莓田、甜菜田。

防治对象：甜菜、草莓等作物田防除多种双子叶杂草。

防治特点：药效受土壤类型和湿度影响小。温度对甜菜宁的药效和甜菜安全性影响很大，喷药时气温在20℃以上时，有利于药剂在叶面上的吸收发挥药效，温度过高和过低作物生长受抑制易产生药害，喷药时宜选择晴天进行。在土壤中不易被雨水淋溶，半衰期约25天。

说明：甜菜宁可与其他防除单子叶杂草的除草剂（如拿捕净等）混用。

禁忌：暂无。

使用方法：参见具体产品的说明书。

19. 烯草酮 Clethodim

类型：选择性除草剂，可防除一年生和多年生禾本科杂草。

别名：氟烯草酸、赛乐特、收乐通。

毒性：低毒，ADI值为0.01毫克/千克体重。

作用机理：施药后，能被禾本科杂草茎叶迅速吸收并传导至茎尖及分生组织，抑制分生组织的活性，破坏细胞分裂，最终导致杂草死亡。

农药登记的作物/场所：春大豆田、春油菜、春油菜田、大豆田、冬油菜田、红小豆田、绿豆田、马铃薯田、夏大豆田、烟草田、油菜田。

防治对象：一年生和多年生禾本科杂草。

防治特点：施用烯草酮时处于4~5叶期的杂草，在施药后3天叶片明显黄化，7天时心叶容易抽出，可见基部变黑，21天后绝大部分已死亡。施药时4叶期以下和5叶期以上杂草分别到5天、7天才稍见效果，21天时前者几乎不见任何效果，后者叶片黄化现象明显。

说明：空气相对湿度65%以上，夏季选择早晚，冬季选择晴天中午时喷药，利于药剂的吸收和药效的发挥。

禁忌：孕妇及哺乳期妇女禁止接触。

使用方法：参见具体产品的说明书。

20. 硝磺草酮 Mesotrione

类型：苯甲酰环己二酮类除草剂。

别名：甲基磺草酮。

毒性：微毒，ADI值为0.5毫克/千克体重。

作用机理：抑制羟基苯基丙酮酸酯双氧化酶（HPPD）的芽前和苗后广谱选择性除草剂。

农药登记的作物/场所：草坪（早熟禾）、春玉米田、甘蔗田、水稻移栽田、夏玉米、夏玉米田、移栽水稻田、玉米田、早熟禾草坪。

防治对象：玉米田一年生阔叶杂草和部分禾本科杂草，如苘麻、苋菜、藜、蓼、稗草、马唐等。

防治特点：可有效防治主要的阔叶草和一些禾本科杂草。硝磺草酮容易在植物木质部和韧皮部传导。具有触杀作用和持效性。

说明：一季玉米使用1次，在推荐剂量下对玉米安全。

禁忌：远离水产养殖区，天敌昆虫放飞区禁用。

使用方法：参见具体产品的说明书。

21. 乙氧氟草醚 Oxyfluorfen

类型：触杀型除草剂。

毒性：低毒，ADI值为0.03毫克/千克体重。

作用机理：杂草主要通过胚芽鞘、中胚轴吸收药剂致死。

农药登记的作物/场所：大蒜、大蒜田、非耕地、甘蔗田、柑橘树、花生田、姜、姜田、荔枝树、林业苗圃、棉花田、苗圃（云杉）、苹果园、森林苗圃、水稻田、水稻移栽田、夏大豆田、移栽水稻田、针叶苗圃。

防治对象：移栽稻、大豆、玉米、棉花、花生、甘蔗、葡萄园、果园、蔬菜田和森林苗圃的单子叶和阔叶杂草。

防治特点：使用范围广，杀草谱广，持效期长，亩用量少，活性高，可与多种除草剂复配使用，扩大杀草谱，提高药效，使用方便，既可芽前处理，又可芽后处理，毒性低。

说明：无内吸传导作用，对玉米的飘移药害也易于控制，且很快恢复，可用于各种果园除草。

禁忌：对鱼毒性较大。

使用方法：参见具体产品的说明书。

22. 异丙隆 Isoproturon

类型：异丙隆为取代脲类选择性除草剂，内吸传导型土壤处理剂兼茎叶处理剂。

别名：3-对-异丙苯基-1,1-二甲基脲。

毒性：低毒，ADI值为0.015毫克/千克体重。

作用机理：异丙隆目前没有产生抗性，同时，药剂被植物根部吸收后，积累在叶片中，抑制光合作用，导致杂草死亡。异丙隆在土壤中残留期短，对后茬作物比较安全。

农药登记的作物/场所：大蒜田、冬小麦、冬小麦田、水稻旱直播田、水稻田（直播）、水稻移栽田、小麦、小麦田、直播水稻田。

防治对象：一年生杂草，如马唐、藜、早熟禾、看麦娘等，适用于番茄、马铃薯、育苗韭菜、甜（辣）椒、茄子、蚕豆、豌豆、葱头等部分菜田除草。

防治特点：杀草谱广、施药适期宽、作用机理独特、混配性好。

说明：若单一使用异丙隆，杂草在3～4龄防治效果也不是很好，所以我们根据时间与田间情况来选择与异丙隆复配，一定要用足水量。如果阔叶杂草发生较严重选择异丙隆复配绿麦隆、吡氟酰草胺等药剂。

禁忌：注意倒春寒影响药效发挥和产生药害问题。

使用方法：参见具体产品的说明书。

23. 唑草酮 Carfentrazone-ethyl

类型：三唑啉酮类除草剂。

别名：福农、快灭灵、三唑酮草酯、唑草酯。

毒性：低毒，ADI值为0.03毫克/千克体重。

作用机理：唑草酮是一种触杀型选择性除草剂，在有光的条件下，在叶绿素生物合成过程中，通过抑制原卟啉原氧化酶导致有毒中间物的积累，从而破坏杂草的细胞膜，使叶片迅速干枯、死亡。

农药登记的作物/场所：春小麦、春小麦田、冬小麦、冬小麦田、甘蔗田、水稻田（直播）、水稻移栽田、小麦、小麦田、移栽水稻田。

防治对象：阔叶杂草和莎草科杂草，如猪殃殃、野芝麻、婆婆纳、苘麻、扁蓄、藜、红心藜、空管牵牛、鼬瓣花、酸模叶蓼、柳叶刺蓼、卷茎蓼、反枝苋、铁苋菜、宝盖菜、苣荬菜、野芝麻、小果亚麻、地肤、龙葵、白芥等杂草。

防治特点：杀草速度快，受低温影响小，用药机会广，由于唑草酮有良好的耐低温和耐雨水冲刷效应，可在冬前气温降到很低时用药，也可在降雨频繁的春季抢在雨天间隙及时用药，而且对后茬

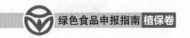

作物十分安全，是麦田春季化学除草的优良除草剂。

说明：气温在10℃以上时杀草速度快，2~3天即见效，低温期施药杀草速度会变慢。

禁忌：唑草酮为超高效除草剂，但小麦对唑草酮的耐药性较强，在小麦3叶期至拔节前（一般为11月至翌年3月）均可使用，但如果施药不当，施药后麦苗叶片上会产生黄色灼伤斑，用药量大、用药浓度高，则灼伤斑大，药害明显。

使用方法：参见具体产品的说明书。

（三）中毒除草剂

1. 丙炔噁草酮 Oxadiargyl

类型：新型噁二唑含氮杂环类除草剂。

别名：稻思达。

毒性：中毒，ADI值为0.008毫克/千克体重。

作用机理：丙炔噁草酮为原卟啉原氧化酶抑制剂。施用于水稻田（经过沉降）或旱田作物后，被表层土壤吸附形成稳定的药膜封闭层，在土壤中的移动性较小，因此不易触及杂草的根部，当杂草幼芽经过时，接触吸收和有限传导，在有光条件下，杂草触药部位细胞组织及叶绿素遭破坏，生长旺盛部分停止生长，最终杂草幼芽枯萎死亡。在水稻田，已经出土但尚未露出水面的1.5叶龄以前杂草，在药剂沉降之前，从中接触吸收到足够药量，很快坏死腐烂。该药剂被土壤吸附后，向下移动有限，很少被根部吸收。

农药登记的作物/场所：马铃薯田、水稻移栽田。

防治对象：水稻、马铃薯、向日葵、蔬菜、甜菜、果园等苗前防除阔叶杂草。

防治特点：丙炔草酮80%可湿性粉剂为水田一次性除草剂，具有高效、广谱、对后茬无影响的特点。

说明：在耙平水田至移栽后约1周内均可使用，使用时按使用剂量兑水全田施用，保水3～5天，效果较好。

禁忌：不推荐在抛秧田、直播水稻田及盐碱地水稻田中使用。

使用方法：参见具体产品的说明书。

2. 禾草灵 Diclofop-methyl

类型：苗后处理剂。

别名：伊洛克桑。

毒性：中毒，ADI值为0.002 3毫克/千克体重。

作用机理：根吸收药剂，绝大部分停留在根部，杀伤初生根，只有很少量的药剂传导到地上部。叶片吸收的药剂，大部分分布在施药点上下叶脉中，破坏叶绿体，使叶片坏死，但不会抑制植株生长。对幼芽抑制作用强，将药剂施到杂草顶端或节间分生组织附近，能抑制生长，破坏细胞膜，导致杂草枯死。

农药登记的作物/场所：春小麦田。

防治对象：麦类、大豆、花生、油菜等作物田防治禾本科杂草。

防治特点：属内吸性除草剂，通过根及叶被吸收。

说明：喷施禾草灵后，接触药液的小麦叶片会出现稀疏的褪绿斑，但新长出的叶片完全不会受害。对3～4片复叶期的大豆有轻微药害，叶片出现褐色斑点1周后可恢复，对大豆生长无影响。

禁忌：不能与氮肥混用，否则会降低药效。

使用方法：参见具体产品的说明书。

3. 乳氟禾草灵 Lactofen

类型：二苯醚类除草剂，为选择性苗后除草剂除草剂。

别名：2-硝基-5-（2一氯-4-三氟甲基苯氧基）苯甲酸-1-（乙氧羰基）乙基酯。

毒性：中毒，ADI值为0.008毫克/千克体重。

作用机理：乳氟禾草灵是选择性触杀型苗后除草剂，通过植物茎叶吸收，在体内进行有限的传导，通过破坏细胞膜的完整性而导致细胞内含物的流失，之后使杂草干枯死亡。

农药登记的作物/场所：春大豆田、大豆田、花生、花生田、夏大豆田。

防治对象：禾谷类作物、玉米、棉花、花生、番茄、水稻、大豆田防除阔叶杂草。

防治特点：在充足光照条件下，施药后2~3天，敏感的阔叶杂草叶片出现灼伤斑，并逐渐扩大，整个叶片变枯，之后全株死亡。

说明：杂草小、水分适宜用低药量，杂草大、水分条件差用高药量。

禁忌：乳氟禾草灵适合在果园中使用，切勿将药液喷到树叶上。

使用方法：参见具体产品的说明书。

四、植物生长调节剂

（一）微毒植物生长调节剂

萘乙酸 1–Naphthalacetic Acid

类型：一种广谱植物生长调节剂。

别名：α-萘乙酸，NAA。

毒性：微毒，ADI值为0.15毫克/千克体重。

作用机理：促进细胞分裂与扩大，诱导形成不定根增加坐果。

农药登记的作物/场所：大豆、大蒜、冬小麦、豆类、番茄、甘薯、谷子、果树、花生、黄瓜、姜、荔枝树、马铃薯、棉花、苹果树、葡萄、沙棘、蔬菜、水稻、水稻秧田、小麦、杨树、洋葱、玉米、月季。

调节对象：谷类作物、棉花、果树、瓜果类蔬菜等。

特点：可用于小麦、水稻增加有效分蘖，提高成穗率，促进籽粒饱满，增产显著。也用于甘薯、棉花增产。用于茄类和瓜类，可防止落花落果和形成无籽果实，还能增加植物抗旱涝、抗盐碱、抗倒伏能力。

说明：萘乙酸难溶于冷水，配制时可先用少量酒精溶解，再加水稀释，或先加少量水调成糊状再加适量水，然后加碳酸氢钠（小苏打）搅拌直至全部溶解。

禁忌：早熟苹果品种使用疏花、疏果易产生药害不宜使用。

使用方法：参见具体产品的说明书。

（二）低毒植物生长调节剂

1. 2,4- 滴（防落素、坐果灵）

类型：一种具生长素活性的苯氧类植物生长调节剂。

别名：2,4-二氯苯氧基乙酸。

毒性：低毒，ADI值为0.01毫克/千克体重。

作用机理：可从根、茎、叶进入植物体内，降解缓慢，故可积累一定浓度，从而干扰植物体内激素平衡，破坏核酸与蛋白质代谢，促进或抑制某些器官生长，使杂草茎叶扭曲、茎基变粗、肿裂等。

农药登记的作物：番茄。

调节对象：番茄、桃树。

特点：低浓度时（1～30毫克/千克）具有植物生长素之功能，可作为植物生长调节剂，较高浓度则抑制生长，更高浓度时可使作物畸形发育致死，可作为除草剂。

说明：2,4-滴吸附性强，用过的喷雾器必须充分洗净，以免棉花、蔬菜等敏感作物受其残留微量药剂危害。

禁忌：避免在高温烈日天及阴雨天施药，以防药害。在留种蔬菜上不能使用本剂。

使用方法：参见具体产品的说明书。

2. 矮壮素 Chlormequat

类型：属低毒植物生长调节剂。

别名：稻麦立、三西、CCC、氯化氯代胆碱。

毒性：低毒，ADI值为0.05毫克/千克体重。

作用机理：矮壮素阻碍内源赤霉素的生物合成，从而延缓细胞伸长，使植株矮化、茎秆粗壮、间节缩短，能防止植物徒长和倒伏。矮壮素对节间伸长的抑制作用可被外施赤霉素解除。

农药登记的作物：番茄、花生、棉花、小麦、玉米。

调节对象：小麦、水稻、棉花、烟草、玉米及番茄等作物。

特点：矮壮素是一种优良的植物生长调节剂，抑制作物细胞伸长，但不抑制细胞分裂，能使植株变矮，秆茎变粗，叶色变绿，可使作物耐旱耐涝，防止作物徒长倒伏，抗盐碱，又能防止棉花落铃，可使马铃薯块茎增大。

说明：用矮壮素处理作物不能代替施肥，仍应做好肥水管理工作，方能发挥更好的增产效果。

禁忌：喷药期不能过早，药剂浓度不能过高，以免对作物造成过度抑制引起药害。

使用方法：参见具体产品的说明书。

3. 氯吡苯脲 Forchlorfenuron

类型：苯脲类植物生长调节剂。

别名：氯吡脲、调吡脲、施特优、膨果龙。

毒性：低毒，ADI值为0.07毫克/千克体重。

作用机理：影响植物芽的发育、加速细胞有丝分裂、促进细胞增大和分化，防止果实和花的脱落的作用，从而促进植物生长、早熟，延缓作物后期叶片的衰老，增加产量。

农药登记的作物：黄瓜、葡萄、脐橙、甜瓜、西瓜、猕猴桃、枇杷、枇杷树。

调节对象：广泛用于农业，包括园艺和果树。

特点：①促进茎、叶、根、果生长的功能，如用于烟草种植可使叶片肥大而增产。②促进结果。可以增加番茄、茄子、苹果等水果和蔬菜的产量。③加速疏果和落叶作用。疏果可增加果实产量，提高品质，使果实大小均匀。对棉花和大豆言，落叶可使收获易行。④浓度高时可作除草剂。⑤其他。如棉花的干枯作用，甜菜和甘蔗增加糖分等。

说明：氯吡苯脲在1毫克/升浓度下诱导多种作物的愈伤组织生长出芽。

禁忌：暂无。

使用方法：参见具体产品的说明书。

4. 烯效唑 Uniconazole

类型：属广谱性、高效植物生长调节剂，兼有杀菌和除草作用，是赤霉素合成抑制剂。

别名：烯效唑钾盐。

毒性：低毒，ADI值为0.02毫克/千克体重。

作用机理：具有控制营养生长，抑制细胞伸长、缩短节间、矮化植株、促进侧芽生长和花芽形成、增进抗逆性的作用。

农药登记的作物/场所：草坪、冬小麦、柑橘树、花生、棉花、水稻、水稻秧田、小麦、烟草、油菜。

调节对象：用于水稻、小麦，增加分蘖，控制株高，提高抗倒伏能力。用于果树，控制营养生长的树形。用于观赏植物，控制株形，促进花芽分化和多开花。

特点：具有矮化植株、防止倒伏、提高绿叶素含量的作用。本品用量小、活性强，10~30毫克/升浓度就有良好抑制作用，且不会使植株畸形，持效期长，对人畜安全。

说明：烯效唑通过植物根部吸收后在植物体内传导，有稳定细胞膜结构、增加脯氨酸和糖的含量的作用，提高植物抗逆性，植物能耐寒和抗旱。

禁忌：烯效唑的应用技术还正在研究开发之中，使用时最好先试验后推广。

使用方法：参见具体产品的说明书。

（三）贮藏期植物生长调节剂

1- 甲基环丙烯

类型：1-甲基环丙烯是一种非常有效的乙烯产生和乙烯作用的抑制剂，作为保鲜剂使用。

别名：一甲基环丙烯、1-MCP。

作用机理：作为促进成熟衰老的植物激素——乙烯即可由部分植物自身产生，又可在贮藏环境甚至空气中存在一定的量，乙烯与细胞内部的相关受体相结合，才能激活一系列与成熟有关的生理生化反应，加快衰老和死亡。

农药登记的作物：番茄、花椰菜、康乃馨、兰花、梨、李子、玫瑰、苹果、葡萄、柿子、香瓜、香甜瓜、猕猴桃。

调节对象：用于自身产生乙烯或乙烯敏感型果蔬、花卉的保鲜。

特点：1-甲基黄丙烯可以很好地与乙烯受体结合，但这种结合不会引起成熟的生化反应，因此，在植物内源乙烯产生或外源乙烯作用之前施用1-甲基黄丙烯，它就会抢先与乙烯受体结合，从而阻止乙烯与其受体的结合，很好地延长了果蔬成熟衰老的过程，延长了保鲜期。

说明：采用熏蒸的方式，空气中浓度仅为1毫克/千克即可。

禁忌：暂无。

使用方法：参见具体产品的说明书。

第五章

绿色食品产品安全评价

一、评价的依据

在《绿色食品 农药使用准则》中规定，绿色食品允许使用的141种农药，其残留量应符合GB 2763《食品安全国家标准 食品中农药最大残留限量》的要求；141种以外的农药残留量不得超过0.01毫克/千克，并应符合GB 2763的要求。因此，GB 2763是绿色食品产品安全评判的唯一依据，也是绿色食品与国家食品安全相一致的表现。

GB 2763从2012年开始经过了多次修订，其修订的原则是逐步丰富农药残留限量标准，在GB 2763中涵盖了483种农药，规定了415种作物的农药残留限量，完全覆盖了绿色食品允许使用的141种农药。另外，逐步完善农药与作物种类的对应关系。

二、评价和检测方法

（一）检测依据

农药残留的评价采纳了不同农药的检测方法，目前不同检测方法还不能包含在一个检测标准中，针对绿色食品农药对应的检测方法的差异，为便于在检测和评价中参考，将绿色食品允许使

用的农药对应的国家标准和行业标准残留量检测方法进行整理
（表5-1）。

表 5-1　农药检测国家标准和行业标准

检测标准	内容
GB/T 5009.19	食品中有机氯农药多组分残留量的测定
GB/T 5009.20	食品中有机磷农药残留量的测定
GB/T 5009.21	粮、油、菜中甲萘威残留量的测定
GB/T 5009.36	粮食卫生标准的分析方法
GB/T 5009.102	植物性食品中辛硫磷农药残留量的测定
GB/T 5009.103	植物性食品中甲胺磷和乙酰甲胺磷农药残留量的测定
GB/T 5009.104	植物性食品中氨基甲酸酯类农药残留量的测定
GB/T 5009.105	黄瓜中百菌清残留量的测定
GB/T 5009.107	植物性食品中二嗪磷残留量的测定
GB/T 5009.110	植物性食品中氯氰菊酯、氰戊菊酯和溴氰菊酯残留量的测定
GB/T 5009.113	大米中杀虫环残留量的测定
GB/T 5009.114	大米中杀虫双残留量的测定
GB/T 5009.115	稻谷中三环唑残留量的测定
GB/T 5009.126	植物性食品中三唑酮残留量的测定
GB/T 5009.129	水果中乙氧基喹残留量的测定
GB/T 5009.130	大豆及谷物中氟磺胺草醚残留量的测定
GB/T 5009.131	植物性食品中亚胺硫磷残留量的测定
GB/T 5009.132	食品中莠去津残留量的测定
GB/T 5009.133	粮食中绿麦隆残留量的测定

（续表）

检测标准	内容
GB/T 5009.134	大米中禾草敌残留量的测定
GB/T 5009.135	植物性食品中灭幼脲残留量的测定
GB/T 5009.136	植物性食品中五氯硝基苯残留量的测定
GB/T 5009.142	植物性食品中吡氟禾草灵、精吡氟禾草灵残留量的测定
GB/T 5009.143	蔬菜、水果、食用油中双甲脒残留量的测定
GB/T 5009.144	植物性食品中甲基异柳磷残留量的测定
GB/T 5009.145	植物性食品中有机磷和氨基甲酸酯类农药多种残留的测定
GB/T 5009.146	植物性食品中有机氯和拟除虫菊酯类农药多种残留量的测定
GB/T 5009.147	植物性食品中除虫脲残留量的测定
GB/T 5009.155	大米中稻瘟灵残留量的测定
GB/T 5009.160	水果中单甲脒残留量的测定
GB/T 5009.161	动物性食品中有机磷农药多组分残留量的测定
GB/T 5009.162	动物性食品中有机氯农药和拟除虫菊酯农药多组分残留量的测定
GB/T 5009.164	大米中丁草胺残留量的测定
GB/T 5009.165	粮食中 2,4- 滴丁酯残留量的测定
GB/T 5009.172	大豆、花生、豆油、花生油中的氟乐灵残留量的测定
GB/T 5009.174	花生、大豆中异丙甲草胺残留量的测定
GB/T 5009.175	粮食和蔬菜中 2,4- 滴残留量的测定
GB/T 5009.176	茶叶、水果、食用植物油中三氯杀螨醇残留量的测定
GB/T 5009.177	大米中敌稗残留量的测定
GB/T 5009.180	稻谷、花生仁中噁草酮残留量的测定

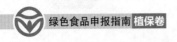

检测标准	内容
GB/T 5009.184	粮食、蔬菜中噻嗪酮残留量的测定
GB/T 5009.200	小麦中野燕枯残留量的测定
GB/T 5009.201	梨中烯唑醇残留量的测定
GB/T 5009.218	水果和蔬菜中多种农药残留量的测定
GB/T 5009.219	粮谷中矮壮素残留量的测定
GB/T 5009.220	粮谷中敌菌灵残留量的测定
GB/T 5009.221	粮谷中敌草快残留量的测定
GB/T 14553	粮食、水果和蔬菜中有机磷农药测定的气相色谱法
GB/T 14929.2	花生仁、棉籽油、花生油中涕灭威残留量测定方法
GB/T 19650	动物肌肉中 478 种农药及相关化学品残留量的测定
GB/T 20769	气相色谱—质谱法　水果和蔬菜中 450 种农药及相关化学品残留量的测定
GB/T 20770	液相色谱—串联质谱法　粮谷中 486 种农药及相关化学品残留量的测定
GB/T 20771	液相色谱—串联质谱法　蜂蜜中 486 种农药及相关化学品残留量的测定
GB/T 20772	液相色谱—串联质谱法　动物肌肉中 461 种农药及相关化学品残留量的测定
GB/T 22243	液相色谱—串联质谱法　大米、蔬菜、水果中氯氟吡氧乙酸残留量的测定
GB/T 22979	牛奶和奶粉中啶酰菌胺残留量的测定　气相色谱—质谱法

（续表）

检测标准	内容
GB 23200.2	食品安全国家标准　除草剂残留量检测方法　第2部分：气相色谱—质谱法测定　粮谷及油籽中二苯醚类除草剂残留量
GB 23200.3	食品安全国家标准　除草剂残留量检测方法　第3部分：液相色谱—质谱/质谱法测定　食品中环己酮类除草剂残留量
GB 23200.6	食品安全国家标准　除草剂残留量检测方法　第3部分：液相色谱—质谱/质谱法测定　食品中杀草强类除草剂残留量
GB 23200.8	食品安全国家标准　水果和蔬菜中500种农药及相关化学品残留量的测定　气相色谱—质谱法
GB 23200.9	食品安全国家标准　粮谷中475种农药及相关化学品残留量的测定　气相色谱—质谱法
GB 23200.11	食品安全国家标准　桑枝、金银花、枸杞子和荷叶中413种农药及相关化学品残留量　液相色谱—质谱法
GB 23200.13	食品安全国家标准　茶叶中448种农药及相关化学品残留量的测定　液相色谱—质谱法
GB 23200.14	食品安全国家标准　果蔬汁和果酒中512种农药及相关化学品残留量的测定　液相色谱—质谱法
GB 23200.15	食品安全国家标准　食用菌中503种农药及相关化学品残留量的测定　气相色谱—质谱法
GB 23200.16	食品安全国家标准　水果和蔬菜中乙烯利残留量的测定　气相色谱法
GB 23200.19	食品安全国家标准　水果和蔬菜中阿维菌素残留量的测定　液相色谱法
GB 23200.20	食品安全国家标准　食品中阿维菌素残留量的测定　液相色谱—质谱/质谱法

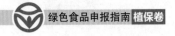

（续表）

检测标准	内容
GB 23200.22	食品安全国家标准　坚果及坚果制品中抑芽丹残留量的测定　液相色谱法
GB 23200.24	食品安全国家标准　粮谷和大豆中 11 种除草剂残留量的测定　气相色谱—质谱法
GB 23200.29	食品安全国家标准　水果和蔬菜中唑螨酯残留量的测定　液相色谱法
GB 23200.31	食品安全国家标准　食品中丙炔氟草胺残留量的测定　气相色谱—质谱法
GB 23200.32	食品安全国家标准　食品中丁酰肼农药残留量的测定　液相色谱
GB 23200.33	食品安全国家标准　食品中解草嗪、莎稗磷、二丙烯草胺等 110 种农药残留量的测定　气相色谱—质谱法
GB 23200.37	食品安全国家标准　食品中烯啶虫胺、呋虫胺等 20 种农药残留量的测定　液相色谱
GB 23200.38	食品安全国家标准　食品中环己烯酮农药残留量的测定　液相色谱—质谱 / 质谱法
GB 23200.39	食品安全国家标准　食品中噻虫嗪及其代谢物噻虫胺残留量的测定　液相色谱—质谱法
GB 23200.43	食品安全国家标准　粮谷及油籽中二氯喹啉酸残留量的测定　气相色谱法
GB 23200.45	食品安全国家标准　食品中除虫脲残留量的测定　液相色谱—质谱法
GB 23200.46	食品安全国家标准　食品中嘧霉胺、嘧菌胺、腈菌唑、嘧菌酯残留量的测定—气相色谱法—质谱法

（续表）

检测标准	内容
GB 23200.47	食品安全国家标准 食品中四螨嗪残留量的测定气相色谱—质谱法
GB 23200.49	食品安全国家标准 食品中苯脒甲环唑残留量的测定气相色谱—质谱法
GB 23200.50	食品安全国家标准 食品中吡啶类农药残留量的测定液相色谱—质谱/质谱法
GB 23200.53	食品安全国家标准 食品中氟硅唑残留量的测定 气相色谱—质谱法
GB 23200.54	食品安全国家标准食品中甲氧基丙烯酸酯类杀菌剂残留量的测定 气相色谱—质谱法
GB 23200.56	食品安全国家标准 食品中喹氧灵残留量的检测方法
GB 23200.57	食品安全国家标准 食品中乙草胺残留量的检测方法
GB 23200.62	食品安全国家标准 食品中氟烯草酸残留量的测定 气相色谱—质谱法
GB 23200.64	食品安全国家标准 食品中吡丙醚残留量的测定 液相色谱—质谱/质谱法
GB 23200.65	食品安全国家标准 食品中四氟醚唑残留量的检测方法
GB 23200.68	食品安全国家标准 食品中啶酰菌胺残留量的测定 气相色谱—质谱法
GB 23200.69	食品安全国家标准 食品中二硝基苯胺类农药残留量的测定液相色谱—质谱/质谱法 气相色谱—质谱法
GB 23200.70	食品中三氟酸草胺残留量的测定 液相色谱—质谱/质谱法
GB 23200.72	食品中苯酰胺类农药残留量的测定 气相色谱—质谱法
GB 23200.73	食品中鱼藤酮和印楝素残留量的测定 液相色谱—质谱/质谱法

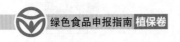
（续表）

检测标准	内容
GB 23200.74	食品中井冈霉素残留量的测定 液相色谱—质谱/质谱法
GB 23200.75	食品中氟啶虫酰胺残留量的检测方法
GB 23200.76	食品中氟苯虫酰胺残留量的测定 液相色谱—质谱/质谱法
GB 23200.83	食品中异稻瘟净残留量的检测方法
GB 23200.104	肉及肉制品中2甲4氯及2甲4氯丁酸残留量的测定 液相色谱—质谱法
GB 23200.108	植物源性食品中草铵膦残留量的测定 液相色谱—质谱联用法
GB 23200.109	植物源性食品中二氯吡啶酸残留量的测定 液相色谱—质谱法
GB 23200.110	植物源性食品中氯吡脲残留量的测定 液相色谱—质谱联用法
GB 23200.111	植物源性食品中唑嘧磺草胺残留量的测定 液相色谱—质谱联用法
GB 23200.112	植物源性食品中9种氨基甲酸酯类农药及其代谢物残留量的检测
GB 23200.113	植物源性食品中208种农药及其代谢物残留量的测定 气相—质谱联用法
GB 23200.115	鸡蛋中氟虫腈及其代谢物残留量的测定 液相色谱—质谱联用法
GB/T 23204	茶叶中519种农药及相关化学品残留量的测定 气相色谱—质谱法
GB/T 23210	牛奶和奶粉牛奶和奶粉中511种农药及相关化学品残留量的测定 气相色谱—质谱法

（续表）

检测标准	内容
GB/T 23211	牛奶和奶粉中 493 种农药及相关化学品残留量的测定　液相色谱—串联质谱法
GB/T 23376	茶叶中农药多残留测定　气相色谱—质谱法
GB/T 23379	水果、蔬菜及茶叶中吡虫啉残留的测定　高效液相色谱法
GB/T 23584	水果、蔬菜中啶虫脒残留量的测定　液相色谱—串联质谱法
GB/T 23750	植物性产品中草甘膦残留量的测定　气相色谱—质谱法
GB/T 23816	大豆中三嗪类除草剂残留量的测定
GB/T 23818	大豆中咪唑啉酮类除草剂残留量的测定
GB/T 25222	粮油检验粮食中磷化物残留量的测定分光光度
GB 29707	食品安全国家标准牛奶中双甲脒残留标志物残留量的测定气相色谱法
NY/T 761	蔬菜和水果中有机磷、有机氯、拟除虫菊酯和氨基甲酸酯类农药多残留的测定
NY/T 1096	食品中草甘膦残留量测定
NY/T 1277	蔬菜中异菌脲残留量的测定　高效液相色谱法
NY/T 1379	蔬菜中 334 种农药多残留的测定　气相色谱质谱法和液相色谱质谱法
NY/T 1434	蔬菜中 2,4-D 等 13 种除草剂多残留的测定　液相色谱质谱法
NY/T 1453	蔬菜及水果中多菌灵等 16 种农药残留测定　液相色谱—质谱—质谱联用法
NY/T 1455	水果中腈菌唑残留量的测定　气相色谱法
NY/T 1456	水果中咪鲜胺残留量的测定　气相色谱法

（续表）

检测标准	内容
NY/T 1616	土壤中9种磺酰脲类除草剂残留量的测定 液相色谱—质谱法
NY/T 1652	蔬菜、水果中克螨特残留量的测定 气相色谱法
NY/T 1679	植物性食品中氨基甲酸酯类农药残留的测定 液相色谱—串联质谱法
NY/T 1680	蔬菜水果中多菌灵等4种苯并咪唑类农药残留量的测定 高效液相色谱法
NY/T 1720	水果、蔬菜中杀铃脲等七种苯甲酰脲类农药残留量的测定 高效液相色谱法
NY/T 1722	蔬菜中敌菌灵残留量的测定高效液相色谱法
NY/T 1725	蔬菜中灭蝇胺残留量的测定高效液相色谱法
NY/T 2820	植物性食品中抑食肼、虫酰肼、甲氧虫酰肼、呋喃虫酰肼和环虫酰肼5种双酰肼类农药残留量的同时测定 液相色谱—质谱联用法

（二）检测方法

1. 杀虫杀螨剂（表5-2）

表5-2 绿色食品农药评价的检测方法——杀虫杀螨剂

农药	检测方法
苯丁锡	蔬菜、水果、干制水果、坚果参照 SN 0592 规定的方法测定；哺乳动物肉类（海洋哺乳动物除外）、哺乳动物内脏（海洋哺乳动物除外）、禽肉类、禽类内脏、蛋类按照 SN/T 4558 规定的方法测定；生乳参照 SN/T 4558 规定的方法测定

（续表）

农药	检测方法
吡丙醚	油料和油脂按照 GB 23200.113 规定的方法测定；蔬菜、水果按照 GB 23200.8 和 GB 23200.113 规定的方法测定；哺乳动物肉类（海洋哺乳动物除外）、哺乳动物内脏（海洋哺乳动物除外）按照 GB 23200.64 规定的方法测定
吡虫啉	谷物按照 GB/T 20769 和 GB/T 20770 规定的方法测定；油料和油脂参照 GB/T 20769 和 GB/T 20770 规定的方法测定；蔬菜、水果、干制水果按照 GB/T 20769 和 GB/T 23379 规定的方法测定；坚果、调味料参照 GB/T 20769 规定的方法测定；糖料参照 GB/T 23379 规定的方法测定；饮料类参照 GB/T 20769、GB/T 23379 和 NY/T 1379 规定的方法测定
吡蚜酮	谷物按照 GB/T 20770 规定的方法测定；油料和油脂参照 GB/T 20770 的方法测定；蔬菜按照 SN/T 38670 规定的方法测定；茶叶按照 GB 23200.13 规定的方法测定
虫螨腈	蔬菜按照 GB 23200.8、NY/T 1379 和 SN/T 1986 规定的方法测定；水果按照 SN/T 1986 规定的方法测定；茶叶按照 GB/T 23204 规定的方法测定
除虫脲	谷物按照 GB/T 5009.147 规定的方法测定；油料和油脂按照 GB 23200.45 规定的方法测定；蔬菜、水果按照 GB/T 5009.147 和 NY/T 1720 规定的方法测定；干制水果按照 NY/T 1720 规定的方法测定；坚果、调味料参照 GB/T 5009.147 规定的方法测定；茶叶、食用菌参照 GB/T 5009.147 和 NY/T 1720 规定的方法测定
啶虫脒	谷物按照 GB/T 20770 规定的方法测定；油料和油脂参照 GB/T20770 规定的方法测定；蔬菜、水果按照 GB/T 20769 和 GB/T 23584 规定的方法测定；干制水果按照 GB/T 20769 规定的方法测定；坚果、调味料参照 GB/T 23584 规定的方法测定；茶叶参照 GB/T 20769 规定的方法测定；哺乳动物肉类（海洋哺乳动物除外）、禽肉类按照 GB/T 20772 规定的方法测定；哺乳动物内脏（海洋哺乳动物除外）、哺乳动物脂肪（乳脂肪除外）、禽类内脏、蛋类、生乳参照 GB/T 20772 规定的方法测定

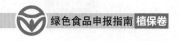

（续表）

农药	检测方法
氟虫脲	水果按照 GB/T 20769 规定的方法测定；茶叶按照 GB/T 23204 规定的方法测定
氟啶虫胺腈	无指定
氟啶虫酰胺	谷物、水果按照 GB 23200.75 规定的方法测定
氟铃脲	油料和油脂参照 GB 23200.8 和 NY/T 1720 规定的方法测定；蔬菜按照 GB/T 20769、NY/T 1720 和 SN/T 2152 规定的方法测定
高效氯氰菊酯	谷物按照 GB 23200.9、GB 23200.113 和 GB/T 5009.110 规定的方法测定；油料和油脂、调味料按照 GB 23200.113 规定的方法测定；蔬菜、水果、干制水果、食用菌按照 GB 23200.8、GB 23200.113、GB/T 5009.146 和 NY/T 761 规定的方法测定；坚果、糖料参照 GB 23200.9、GB 23200.113、GB/T 5009.110 和 GB/T 5009.146 规定的方法测定；饮料类按照 GB 23200.113 和 GB/T 23204 规定的方法测定；哺乳动物肉类（海洋哺乳动物除外）、禽肉类、蛋类按照 GB/T 5009.162 规定的方法测定；哺乳动物内脏（海洋哺乳动物除外）、禽类内脏、禽类脂肪参照 GB/T 5009 规定的方法测定；生乳、乳脂肪参照 GB/T 23210 规定的方法测定
甲氨基阿维菌素苯甲酸盐	谷物、油料和油脂、茶叶、调味料参照 GB/T 20769 规定的方法测定；蔬菜、水果、食用菌按照 GB/T 20769 规定的方法测定
甲氰菊酯	谷物、油料和油脂按照 GB 23200.9、GB 23200.13、GB/T 20770 和 SN/T 2233 规定方法测定；蔬菜按照 GB 23200、GB 23200.113、NY/T 761 和 SN/T 2233 规定的方法测定；水果、干制果按照 GB 23200 规定的方法测定；坚果参照 GB 23200 规定的方法测定；饮料类（茶叶除外）按照 GB 23200 规定的方法测定；茶叶按照 GB 23200 规定的方法测定；调味料按照 GB 23200 规定的方法测定

（续表）

农药	检测方法
甲氧虫酰肼	谷物按照 GB/T 20770 规定的方法测定；油料和油脂、坚果、糖料参照 GB/T 20769 规定的方法测定；蔬菜、水果、干制水果按照 GB/T 20769 规定的方法测定
抗蚜威	谷物按照 GB 23200.9、GB 23200.113、GB/T 20770 和 SN/T 0134 规定的方法测定；油料和油脂按照 GB 23200.113 规定的方法测定；蔬菜按照 GB 23200.8、GB 23200.113、GB/T 20769 和 SN/T 0134 规定的方法测定；水果按照 GB 23200 规定的方法测定；调味料按照 GB 23200 规定的方法测定
喹螨醚	茶叶按照 GB 23200 规定的方法测定
联苯肼酯	谷物、油料和油脂、坚果、饮料类、调味料参照 GB 23200.34 标准规定的方法测定；蔬菜、水果、干制水果按照 GB 23200.8 规定的方法测定
硫酰氟	无指定
螺虫乙酯	无指定
螺螨酯	油料和油脂参照 GB 23200.9 规定的方法测定；蔬菜、干制水果按照 GB/T 20769 规定的方法测定；水果按照 GB 23200.8 和 GB/T 20769 规定的方法测定；坚果、饮料类参照 GB/T 20769 规定的方法测定；哺乳动物肉类（海洋哺乳动物除外）按照 GB/T 20772 规定的方法测定；哺乳动物内脏（海洋哺乳动物除外）参照 GB/T 20772 规定的方法测定；生乳按照 GB/T 23211 规定的方法测定
氯虫苯甲酰胺	无指定
灭蝇胺	谷物、水果、调味料参照 NY/T 1725 规定的方法测定；蔬菜按照 NY/T 1725 规定的方法测定；食用菌按照 GB/T 20769 规定的方法测定；生乳按照 GB/T 23211 规定的方法测定

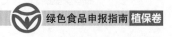

（续表）

农药	检测方法
灭幼脲	谷物按照 GB/T 5009 规定的方法测定；蔬菜按照 GB/T 5009 规定的方法测定；水果按照 GB/T 20769 规定的方法测定
氰氟虫腙	蔬菜、生乳参照 SN/T 3852 规定的方法测定
噻虫啉	谷物按照 GB/T 20770 规定的方法测定；油料和油脂、坚果参照 GB/T 20770 规定的方法测定；蔬菜、水果按照 GB/T 20769 规定的方法测定；茶叶按照 GB 23200.13 规定的方法测定
噻虫嗪	谷物按照 GB 23200.9 和 GB/T 20770 规定的方法测定；油料和油脂、哺乳动物肉类（海洋哺乳动物除外）、禽类内脏、生乳按照 GB 23200.39 规定的方法测定；蔬菜按照 GB 23200.8、GB 23200.39 和 GB/T 20769 规定的方法测定；水果按照 GB 23200.8 和 GB/T 20769 规定的方法测定；坚果、饮料类（茶叶除外）、调味料参照 GB 23200.11 规定的方法测定；糖料参照 GB 23200.9 规定的方法测定；茶叶参照 GB 23200.11 和 GB/T 20769 规定的方法测定；哺乳动物内脏（海洋哺乳动物除外）、禽肉类、蛋类参照 GB 23200.39 规定的方法测定
噻螨酮	油料和油脂参照 GB/T 20770 规定的方法测定；蔬菜、水果、干制水果按照 GB 23200.8 规定的方法测定；坚果、饮料类参照 GB 23200.8 规定的方法测定
噻嗪酮	谷物按照 GB 23200.34 和 GB/T 5009.184 规定的方法测定；蔬菜、水果、干制水果按照 GB 23200.8 和 GB/T 20769 规定的方法测定；坚果、调味料参照 GB/T 20769 规定的方法测定；饮料类（茶叶除外）参照 GB/T 23376 规定的方法测定；茶叶按照 GB/T 23376 规定的方法测定；哺乳动物肉类（海洋哺乳动物除外）按照 GB/T 20772 规定的方法测定；哺乳动物内脏（海洋哺乳动物除外）参照 GB/T 20772 规定的方法测定；生乳按照 GB/T 23211 规定的方法测定
杀虫双	谷物按照 GB/T 5009.114 规定的方法测定，蔬菜参照 GB/T 5009.114 规定的方法测定

（续表）

农药	检测方法
杀铃脲	无指定
虱螨脲	水果按照 GB/T 20769 规定的方法测定
四聚乙醛	药用植物参照 SN/T 4264 规定的方法测定
四螨嗪	蔬菜、水果、干制水果按照 GB 23200.47 和 GB/T 20769 规定的方法测定；坚果参照 GB/T 20769 规定的方法测定
辛硫磷	谷物按照 GB/T 5009.102 和 SN/T 3769 规定的方法测定；油料和油脂参照 GB/T 5009.102、GB/T 20769 和 SN/T 3769 规定的方法测定；蔬菜、水果按照 GB/T 5009.102 和 GB/T 20769 规定的方法测定；糖料参照 GB/T 5009.102 和 GB/T 20769 规定的方法测定；茶叶参照 GB/T 20769 规定的方法测定
溴氰虫酰胺	无指定
乙螨唑	蔬菜、水果按照 GB 23200.8 和 GB 23200.113 规定的方法测定；坚果参照 GB 23200.8 和 GB 23200.113 规定的方法测定；饮料类、调味料按照 GB 23200.113 规定的方法测定
茚虫威	谷物按照 GB/T 20770 规定的方法测定；油料和油脂、调味料参照 GB/T 20770 规定的方法测定；蔬菜、水果、干制水果按照 GB/T 20769 规定的方法测定；茶叶按照 GB 23200.13 规定的方法测定
唑螨酯	油料和油脂参照 GB 23200.9 和 GB/T 20770 规定的方法测定；蔬菜、干制水果按照 GB/T 20769 规定的方法测定；水果按照 GB 23200.8、GB 23200.29 和 GB/T 20769 规定的方法测定；坚果、饮料类、调味料参照 GB/T 20769 规定的方法测定

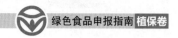

2. 杀菌剂（表5-3）

表5-3　绿色食品农药评价的检测方法——杀菌剂

农药	检测方法
苯醚甲环唑	谷物按照 GB 23200.9 和 GB 23200.113 规定的方法测定；油料和油脂按照 GB 23200.49 和 GB 23200.113 规定的方法测定；蔬菜、水果、干制水果、茶叶按照 GB 23200.9、GB 23200.113 和 GB/T 5009.218 规定的方法测定；坚果、糖料、药用植物参照 GB 23200.8、GB 23200.49、GB 23200.113 和 GB/T 5009.218 规定的方法测定；调味料按照 GB 23200.113 规定的方法测定；哺乳动物肉类（海洋哺乳动物除外）、哺乳动物内脏（海洋哺乳动物除外）、禽肉类、禽类内脏按照 GB 23200.49 规定的方法测定；蛋类、生乳参照 GB 23200.49 规定的方法测定
吡唑醚菌酯	谷物按照 GB 23200.113 和 GB/T 20770 规定的方法测定；油料和油脂按照 GB 23200.113 规定的方法测定；蔬菜、水果、干制水果按照 GB 23200.8 规定的方法测定；坚果、糖料参照 GB 23200.113 和 GB/T 20770 规定的方法测定；饮料类按照 GB 23200.113 规定的方法测定
丙环唑	谷物按照 GB 23200.9、GB 23200.13 和 GB/T 20770 规定的方法测定；油料和油脂、饮料类按照 GB 23200.13 规定的方法测定；蔬菜、水果按照 GB 23200.8、GB 23200.13 和 GB/T 20769 规定的方法测定；干制水果按照 GB 23200.8 和 GB 23200.13 规定的方法测定；糖类、坚果参照 GB 23200.13 和 SN/T 0519 规定的方法测定；药用植物参照 GB 23200.113 和 GB/T 20769 规定的方法测定；动物源性食品参照 GB/T 20772 规定的方法测定
代森联	谷物按照 SN 0139 规定的方法测定；蔬菜参照 SN 0139、SN 0157 和 SN/T 1541 规定的方法测定；水果按照 SN 0157 规定的方法测定；坚果、糖料、调味料参照 SN 0157 规定的方法测定；饮料类参照 SN/T 1541 规定的方法测定；药用植物参照 SN 0157 和 SN/T 1541 规定的方法测定

（续表）

农药	检测方法
代森锰锌	谷物按照 SN 0139 规定的方法测定；油料和油脂参照 SN 0139 和 SN/T 1541 规定的方法测定；蔬菜参照 SN 0157 和 SN/T 1541 规定的方法测定；水果按照 SN 0157 规定的方法测定；坚果、糖料、调味料、药用植物参照 SN/T 1541 规定的方法测定；食用菌参照 SN 0157 规定的方法测定
代森锌	油料和油脂参照 SN 0139 和 SN/T 1541 规定的方法测定；蔬菜参照 SN 0139、SN 0157 和 SN/T 1541 规定的方法测定；水果按照 SN 0157 规定的方法测定；坚果、糖料、调味料、药用植物参照 SN/T 1541 规定的方法测定
稻瘟灵	谷物按照 GB/T 20770 规定的方法测定；油料和油脂参照 GB/T 20770 规定的方法测定；蔬菜、水果按照 GB/T 20769 和 NY/T 761 规定的方法测定；糖料参照 GB/T 20769 规定的方法测定；茶叶参照 NY/T 761 规定的方法测定
啶酰菌胺	谷物按照 GB/T 20770 规定的方法测定；油料和油脂参照 GB/T 20769 和 GB/T 20770 规定的方法测定；蔬菜按照 GB 23200.68 和 GB/T 20769 规定的方法测定；水果、干制水果按照 GB/T 20769 规定的方法测定；坚果、饮料类参照 GB 23200.50 规定的方法测定；调味料参照 GB/T 20769 规定的方法测定；哺乳动物肉类（海洋哺乳动物除外）、哺乳动物内脏（海洋哺乳动物除外）、禽肉类、禽类内脏、禽类脂肪、蛋类参照 GB/T 22979 规定的方法测定；生乳按照 GB/T 22979 规定的方法测定
啶氧菌酯	谷物按照 GB 23200.9 规定的方法测定；蔬菜参照 GB 23200.54 规定的方法测定；水果按照 GB 23200.8 和 GB/T 20769 规定的方法测定

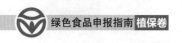
（续表）

农药	检测方法
多菌灵	谷物按照 GB/T 20770 规定的方法测定；油料和油脂、糖料参照 NY/T 1680 规定的方法测定；蔬菜、水果、干制水果按照 GB/T 20769 和 NY/T 1453 规定的方法测定；坚果、调味料参照 GB/T 20770 规定的方法测定；饮料类参照 GB/T 20769、NY/T 1453 规定的方法测定；药用植物参照 GB/T 20769 规定的方法测定；哺乳动物肉类（海洋哺乳动物除外）、禽肉类按照 GB/T 20772 规定的方法测定；哺乳动物内脏（海洋哺乳动物除外）、禽类脂肪、蛋类、生乳参照 GB/T 20772 规定的方法测定
噁霉灵	无指定
噁霜灵	蔬菜按照 GB 23200.8、NY/T 1379 规定的方法测定
噁唑菌酮	谷物参照 GB/T 20769 规定的方法检测；蔬菜、水果按照 GB/T 20769 规定的方法检测；干制水果参照 GB/T 20769 规定的方法检测
粉唑醇	谷物按照 GB 213200.9 规定的方法测定；油料和油脂、饮料类、调味料参照 GB/T 20769 规定的方法测定；蔬菜、水果、干制水果按照 GB/T 20769 规定的方法测定
氟吡菌胺	无指定
氟吡菌酰胺	无指定
氟啶胺	蔬菜、水果参照 GB 23200.34 规定的方法测定
氟环唑	谷物按照 GB 23200.113、GB/T 20770 规定的方法测定；油料和油脂按照 GB 23200.113 规定的方法测定；蔬菜、水果按照 GB 23200.8、GB 23200.113 和 GB/T 20769 规定的方法测定
氟菌唑	无指定
氟硅唑	油料和油脂参照 GB 23200.8 规定的方法测定；蔬菜、糖料按照 GB 23200.8、GB/T 20769 和 SN/T 2095 规定的方法测定；水果按照 GB 23200.8 规定的方法测定

（续表）

农药	检测方法
氟吗啉	无指定
氟酰胺	油料和油脂参照 GB 23200.62 规定的方法测定
氟唑环菌胺	无指定
腐霉利	谷物按照 GB 23200.9 和 GB23200.113 规定的方法测定；油料和油脂按照 GB 23200.113 的规定方法测定；蔬菜水果食用菌按照 GB 23200.8、GB 23200.9 和 NY/T 761 规定的方法测定
咯菌腈	谷物按照 GB 23200.9、GB 23200.113 和 GB/T 20770 规定的方法测定；油料和油脂按照 GB 2300.113 规定的方法测定；蔬菜水果按照 GB 23200.8、GB 23200.113 和 GB/T 20769 规定的方法测定；坚果参照 GB 23200.113、GB/T 20769 规定的方法测定；调料按照 GB 23200.113 规定的方法测定
甲基立枯磷	谷物按照 GB 23200.9、GB 23200.113 和 SN/T 2324 规定的方法测定；油料和油脂按照 GB 23200.113 规定的方法测定；蔬菜按照 GB 23200.8 和 GB 23200.113 规定的方法测定
甲基硫菌灵	谷物、油料和油脂和水果按照 NY/T 1680 规定的方法测定
腈苯唑	谷物按照 GB 23200.9、GB 23200.113 和 GB/T 20770 规定的方法测定；油料和油脂调味料按照 GB 23200.113 规定的方法测定；蔬菜水果按照 GB 23200.8、GB 23200.113 和 GB/T 20769 规定的方法测定；坚果按照 GB 23200.9 和 GB 23200.113 规定的方法测定；干制水果按照 GB 23200.113、GB 20769 规定的方法测定
腈菌唑	谷物按照 GB 23200.113 和 GB/T 20770 规定的方法测定；蔬菜、水果、干制水果按照 GB 23200.8、GB 23200.113、GB/T 20769 和 NY/T 1455 规定的方法测定；饮料类按照 GB 23200.113 规定的方法测定；调味料按照 GB 23200.113 规定的方法测定

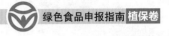

（续表）

农药	检测方法
精甲霜灵	谷物按照 GB 23200.9、GB 23200.113 和 GB/T 20770 规定的方法测定；油料和油脂饮料调味料按照 GB 23200.113 规定的方法测定；蔬菜水果按照 GB 23200.8、GB 23200/113 和 GB/T 20769 规定的方法测定；糖料参照 GB 23200.9、GB 23200.113 和 GB/T 20770 规定的方法测定
克菌丹	谷物、调味料参照 GB 23200.8 规定的方法测定；蔬菜、水果、干制水果按照 GB 23200.8 和 SN 0654 规定的方法测定；坚果参照 GB 2320.8 和 SN 0654 规定的方法测定
喹啉铜	无指定
醚菌酯	谷物按照 GB 23200.9 和 GB/T 20770 规定的方法测定；油料和油脂参照 GB 23200.9 规定的方法测定；蔬菜按照 GB 23200.8、GB/T 20769 规定的方法测定；水果按照 GB 23200.8 和 GB/T 20769 规定的方法测定；甘蔗按照 GB/T 20769 规定的方法测定；药用植物按照 GB/T 20769 规定的方法测定
嘧菌环胺	谷物按照 GB 23200.9、GB 23200.113 和 GB/T 20770 规定的方法测定；蔬菜按照 GB 23200.8、GB 23200.113、GB/T 20769 和 NY/T 1379 规定的方法测定；水果、干制水果按照 GB 23200.8、GB 23200.113 和 GB/T 20769 规定的方法测定；坚果参照 GB 23200.9、GB 23200.113 和 GB/T 20769 规定的方法测定；调味料按照 GB 232300.113 规定的方法测定
嘧菌酯	谷物按照 GB/T 20770 规定的方法测；定油料和油脂药用植物按照 GB 23200.46、GB/T 20770 和 NY/T 1453 规定的方法测定；蔬菜水果按照 GB 23200.54、NY/T 1453 和 SN/T 1976 规定的方法测定；坚果调味料按照 GB 23200.11 规定的方法测定；饮料按照 GB 23200.14 规定的方法测定；哺乳动物肉类（海洋哺乳动物除外）或禽肉类按照 GB 23200.46 规定的方法测定

（续表）

农药	检测方法
嘧霉胺	谷物按照 GB 23200.9、GB 23200.113 和 GB/T 20770 规定的方法测定；水果、蔬菜、干果制品按照 GB 23200.8、GB 23200.113 和 GB/T 20769 规定的方法测定；坚果按照 GB 23200.9、GB 23200.113 和 GB/T 20770 规定的办法测定；药用植物按照 GB 23200.113 和 GB/T 20769 规定的方法测定
棉隆	无指定
氰霜唑	无指定
氰氨化钙	无指定
噻呋酰胺	谷物按照 GB 23200.9 规定的方法测定；油料和油脂、蔬菜、药用植物参照 GB 23200.9 规定的方法测定
噻菌灵	蔬菜水果按照 GB/T 20769、NY/T 1453 和 NY/T 1680 规定的方法测定；食用菌按照 GB 20769、NY/T 1453 和 NY/T 1680 规定的方法测定；哺乳动物肉类（海洋哺乳动物除外）、禽肉类按照 GB 20772 规定的方法测定；哺乳动物内脏、蛋类参照 GB 20772 规定的方法测定；生乳按照 GB/T 23211 规定的方法测定
噻唑锌	无指定
三环唑	谷物按照 GB/T 5009.115 规定的方法测定；蔬菜按照 NY/T 1379 规定的方法测定
三乙膦酸铝	无指定
三唑醇	谷物按照 GB 23200.9 和 GB 23200.113 规定的方法测定；蔬菜、水果、干制水果按照 GB 23200.8 和 GB 23200.113 规定的方法测定；糖类参照 GB 23200.113 和 GB/T 20769 规定的方法测定；饮料按照 GB 23200.113 规定的方法测定；调料按照 GB 23200.113 规定的方法测定

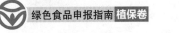

（续表）

农药	检测方法
三唑酮	谷物按照 GB 23200.9、GB 23200.113 和 GB/T 5009.126 规定的方法测定；蔬菜、水果、干制水果按照 GB 23200.8、GB 23200.113 和 GB/T 20769 规定的方法测定；糖类参照 GB 23200.113 和 GB/T 5009.126 规定的方法测定；饮料按照 GB 23200.113 规定的方法测定；调料按照 GB 23200.113 规定的方法测定
双炔酰菌胺	无指定
霜霉威	谷物按照 GD/T 20770 规定的方法测定；蔬菜按照 GB/T 20769 和 NY/T 1379 规定的方法测定；水果按照 GB/T 20709 规定的方法测定；调料参照 SN 685 规定的方法测定；药用植物 GB/T 20769 规定的方法测定；哺乳动物肉类（海洋哺乳动物除外）、禽肉类按照 GB/T 20772 规定的方法测定；哺乳动物内脏（海洋哺乳动物除外）、禽类脂肪、禽类内脏、蛋类参照 GB/T 20772 规定的方法测定；生乳按照 GB/T 23211 规定的方法测定
霜脲氰	蔬菜、水果按照 GB/T 20769 规定的方法测定
威百亩	无指定
萎锈灵	谷物按照 GB 23200.9 规定的方法测定；油料和油脂参照 GB 23200.9 规定的方法测定；蔬菜按照 NY/T 1379 规定的方法测定
肟菌酯	谷物按照 GB 23200 规定的方法测定；油料和油脂参照 GB 23200 规定的方法测定；蔬菜按照 NY/T 1379 规定的方法测定
戊唑醇	谷物按照 GB 23200.113 和 GB/T 20770 规定的方法测定；油料和油脂饮料类按照 GB/T 23200.113 规定的方法测定；蔬菜按照 GB/T 23200.8、GB 23200.113 和 GB/T 20769 规定的方法测定；水果干制水果调味料按照 GB 23200.8、GB 23200.113 和 GT/T 20769 规定的方法测定；坚果药用植物参照 GB 23200.113 和 GB/T 20770 规定的方法测定
烯肟菌胺	无指定

（续表）

农药	检测方法
烯酰吗啉	蔬菜、水果、干制水果按照 GB/T 20769 规定的方法测定；饮料类、调味料参照 GB/T 20769 规定的方法测定
异菌脲	谷物按照 GB 23200.113 和 NY/T 761 规定的方法测定；油料和油脂按照 GB 23200.113 规定的方法测定；坚果按照 GB 23200.9 和 GB 23200.113 规定的方法测定；蔬菜水果按照 GB 5009.218 规定的方法测定；调味料按照 GB 23200.113 规定的方法测定
抑霉唑	谷物按照 GB 23200.113 和 NY/T 761 规定的方法测定；油料和油脂按照 GB 23200.113 规定的方法测定；坚果按照 GB 23200.97、GB 23200.13 规定的方法测定；蔬菜和水果按照 GB 23200.8、GB 23200.113、NY/T 761 和 NY/T 1277 规定的方法测定；糖类按照 GB 23200.113 和 GB 5009.218 规定的方法测定；调料按照 GB 23200.113 规定的方法测定

3. 除草剂（表 5-4）

表 5-4 绿色食品农药评价的检测方法——除草剂

农药	检测方法
2 甲 4 氯	NY/T 1434 和 GB 23200.104
氨氯吡啶酸	无指定
苄嘧磺隆	谷物按照 SN/T 2212 和 SN/T 2325 规定的方法测定；水果参照 NY/T 1379、SN/T 2212 和 SN/T 2325 规定的方法测定
丙草胺	谷物按照 GB 23200.24 和 GB 23200.113 规定的方法测定
丙炔噁草酮	无指定
丙炔氟草胺	油料和油脂按照 GB 23200.31 规定的方法测定；水果按照 GB 23200.8 规定的方法测定
草铵膦	水果按照 GB 23200.108 规定的方法测定

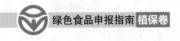

（续表）

农药	检测方法
二甲戊灵	水果按照 GB 23200.8 和 GB 23200.113 规定的方法测定；动物源性食品参照 GB/T 19650 规定的方法测定
二氯吡啶酸	谷物、油料和油脂按照 GB 23200.109 规定的方法测定；糖料参照 GB 23200.109 和 NY/T 1434 规定的方法测定
氟唑磺隆	无指定
禾草灵	谷物按照 GB/T 5009.113 和 GB/T 5009.134 规定的方法测定
环嗪酮	糖料按照 GB/T 20769 规定的方法测定
磺草酮	无指定
甲草胺	谷物按照 GB 23200.9、GB 23200.113 和 GB/T 20770 规定的方法检测；油料和油脂按照 GB 23200.113 规定的方法检测蔬菜按照 GB 23200.113 和 GB/T 20769 规定的方法检测
精吡氟禾草灵	油料和油脂、糖料按照 GB/T 5009.142 规定的方法测定
精喹禾灵	谷物按照 GB/T 20770 规定的方法检测；油料和油脂、糖料参照 GB/T 20770 和 SN/T 2228 规定的方法检测；蔬菜和水果按照 GB/T 20769 规定的方法检测
精异丙甲草胺	谷物按照 GB 23200.9、GB 23200.113 和 GB/T 20770 规定的方法；油料和油脂按照 GB 23200.113 和 GB/T 5009.174 规定的方法检测；蔬菜按照 GB 23200.8、GB 23200.113 和 GB/T 0769 规定的方法检测；水果按照 GB 23200.8 和 GB 23200.113 规定的方法检测；糖料参照 GB 23200.9 和 GB 23200.113 规定的方法检测
绿麦隆	谷物、油料和油脂按照 GB/T 5009.133 规定的方法测定
氯氟吡氧乙酸（异辛酸）	谷物按照 GB/T 22243 规定的方法测定

（续表）

农药	检测方法
氯氟吡氧乙酸异辛酯	谷物按照 GB/T 22243 规定的方法测定
麦草畏	谷物按照 SN/T 1606 和 SN/T 2228 规定的方法测定；油料和油脂按照 SN/T 1606 规定的方法测定；蔬菜、糖料参照 SN/T 1606 规定的方法测定
咪唑喹啉酸	油料和油脂按照 GB/T 23818 规定的方法测定
灭草松	无指定
氰氟草酯	无指定
炔草酯	谷物参照 GB 23200.60 规定的方法测定
乳氟禾草灵	油料和油脂参照 GB/T 20769 规定的方法测定
噻吩磺隆	谷物按照 GB/T 20770 规定的方法测定；油料和油脂参照 GB/T 20770 规定的方法测定
双草醚	无指定
双氟磺草胺	谷物参照 GB/T 20769 规定的方法测定
甜菜安	无指定，建议糖料按照 GB/T 20769 规定的方法测定
甜菜宁	糖料按照 GB/T 20769 规定的方法测定
五氟磺草胺	无指定
烯草酮	蔬菜按照 GB 23200.8 规定的方法测定；糖料参照 GB 23200.8 规定的方法测定
烯禾啶	油料和油脂、糖料参照 GB 23200.9 和 GB/T 20770 规定的方法测定
酰嘧磺隆	无指定

（续表）

农药	检测方法
硝磺草酮	谷物按照 GB/T 20770 规定的方法测定；油料和油脂参照 GB/T 20770 规定的方法测定；蔬菜、水果按照 GB/T 20769 规定的方法测定；糖料参照 GB/T 20769 规定的方法测定
乙氧氟草醚	谷物按照 GB 23200.9、GB 23200.113 和 GB/T 20770 规定的方法测定；油料和油脂按照 GB 23200.2 和 GB 23200.113 规定的方法测定；蔬菜和水果按照 GB 23200.8、GB 23200.113 和 GB/T 20769 规定的方法测定
异丙隆	谷物按照 GB/T 20770 规定的方法测定
唑草酮	谷物、糖料参照 GB 23200.15 规定的方法测定

4. 植物生长调剂（表 5–5）

表 5–5　绿色食品农药评价的检测方法——植物生长调节剂

农药	检测方法
1- 甲基环丙烯	无指定
2,4- 滴（防落素、坐果灵）	GB/T 5009.175 和 NY/T 1434
矮壮素	GB 5009.219
氯吡脲	蔬菜、水果按照 GB 23200.110 规定的方法测定
萘乙酸	谷物按照 SN/T 2228 规定的方法测定；油料和油脂参照 SN/T 2228 规定的方法测定；蔬菜、水果参照 SN/T 2228 规定的方法测定
烯效唑	谷物按照 GB 23200.9 和 GB/T 20770 规定的方法测定；油料和油脂参照 GB 23200.9 和 GB/T 20770 规定的方法测定

三、评价指标

根据GB 2763确定每一种药剂的最大残留范围，同类别不同作物有多个农药残留限值，取最低的限值作为参考。

（一）杀虫杀螨剂

绿色食品杀虫杀螨剂残留检测限值详见5-6。

表5-6 绿色食品杀虫杀螨剂残留检测限值

（单位：毫克 / 千克）

农药	在各类农产品中残留检测限值						
	粮谷	油料	蔬菜	水果	茶叶	坚果	干制水果
苯丁锡			0.5	1		0.5	10
吡丙醚		0.01	1	0.5			
吡虫啉	0.05	0.05	0.05	0.05	0.5	0.01	1
吡蚜酮	0.02	0.1	0.02		2		
虫螨腈			0.1	1	20		
除虫脲	0.01	0.1	0.7	0.5	20	0.2	0.5
啶虫脒	0.5	0.1	0.02	0.2	10	0.06	0.6
氟虫脲				0.5	20		
氟啶虫胺腈	0.2	0.15	0.01	0.15			6
氟啶虫酰胺	0.1		0.2	1			
氟铃脲		0.1	0.5				
高效氯氰菊酯	0.5	0.03	0.01	0.1	1	2	
甲氨基阿维菌素苯甲酸盐	0.02	0.005	0.007	0.01	0.5		

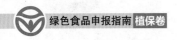

（续表）

农药	在各类农产品中残留检测限值						
	粮谷	油料	蔬菜	水果	茶叶	坚果	干制水果
甲氰菊酯	0.1	0.1	0.2	1	5	0.15	3
甲氧虫酰肼	0.02	0.03	0.02	0.7		0.1/2	
抗蚜威	0.05	0.05	0.01	0.2			
喹螨醚					15		
联苯肼酯	0.3	0.3	0.5	0.2		0.2	2
硫酰氟	0.05		0.05			3	0.06
螺虫乙酯	2	0.4	0.2	0.02		0.5	4
螺螨酯		0.02	0.07	0.03		0.05	0.3
氯虫苯甲酰胺	0.02	0.05	0.01	0.3		0.02	
灭蝇胺	3		0.1	0.5			
灭幼脲	3		3	2			
氰氟虫腙	0.1		0.02				
噻虫啉	0.1	0.02	0.02	0.2	10	0.02	
噻虫嗪	0.05	0.02	0.01	0.01	10	0.01	
噻螨酮		0.05	0.05	0.05	15	0.05	1
噻嗪酮	0.3		0.7	0.1	10	0.05	2
杀虫双	0.2		0.5	1			
杀铃脲			0.2	0.05			
虱螨脲		0.05	1	0.5			
四聚乙醛	0.2	0.2	0.5				

（续表）

农药	在各类农产品中残留检测限值						
	粮谷	油料	蔬菜	水果	茶叶	坚果	干制水果
四螨嗪			0.5	0.1		0.5	2
辛硫磷	0.05	0.05	0.05	0.05	0.2		
溴氰虫酰胺	0.2		0.05	0.5			0.5
乙螨唑			0.02	0.07	15	0.01	
茚虫威	0.1	0.02	0.02	0.2	5		3
唑螨酯			1				

（二）杀菌剂

绿色食品杀菌剂残留检测限值详见表5-7。

表5-7　绿色食品杀菌剂残留检测限值

（单位：毫克/千克）

农药	在各类农产品中残留检测限值						
	粮谷	油料	蔬菜	水果	茶叶	坚果	干制水果
苯醚甲环唑	0.02	0.02	0.02	0.05	10	0.03	0.2
吡唑醚菌酯	0.2	0.05	0.02	0.05	10	0.02	0.8
丙环唑	0.02	0.02	0.05	0.02		0.02	0.6
代森联	1		0.1	0.2		0.1	
代森锰锌	1	0.1	0.1	0.2		0.1	
代森锌		0.1	0.1	0.2		0.1	
稻瘟灵	1			0.1			

（续表）

农药	在各类农产品中残留检测限值						
	粮谷	油料	蔬菜	水果	茶叶	坚果	干制水果
啶酰菌胺	0.1	1	1	2		0.05	6
啶氧菌酯	0.07		0.5	0.05			
多菌灵	0.05	0.1	0.02	0.5	5	0.1	0.5
噁霉灵	0.1		0.5	0.5			
噁霜灵			5				
噁唑菌酮	0.1		0.2	0.2			5
粉唑醇	0.5	0.15	1	0.3			2
氟吡菌胺			0.05	0.1			10
氟吡菌酰胺	0.07	0.01	0.01	0.3		0.04	5
氟啶胺			0.2	2			
氟环唑	0.05	0.05	2	0.5			
氟菌唑			0.2	0.2			
氟硅唑	0.2	0.05	0.01	0.2			0.3
氟吗啉			0.5	0.1			
氟酰胺	1	0.5	0.07				
氟唑环菌胺	0.01	0.01	0.01				
腐霉利	5	0.5	0.2	5			
咯菌腈	0.05	0.02	0.01	0.05		0.2	
甲基立枯磷	0.05	0.05	0.1				
甲基硫菌灵	0.5	0.1	0.1	2			

（续表）

农药	在各类农产品中残留检测限值						
	粮谷	油料	蔬菜	水果	茶叶	坚果	干制水果
腈苯唑	0.1	0.05	0.05	0.05		0.01	4
腈菌唑	0.02		0.05	0.2			0.5
精甲霜灵	0.05	0.05	0.05	0.2			
克菌丹	0.05		0.05	3		0.3	2
喹啉铜			2	2		0.5	
醚菌酯	0.05	0.7	0.2	0.02			2
嘧菌环胺	0.2		0.2	0.5		0.02	5
嘧菌酯	0.02	0.05	0.01	0.1		0.01	
嘧霉胺	0.5		0.05	0.1		0.2	2
棉隆			0.02				
氰霜唑			0.02	0.02			
氰氨化钙							
噻呋酰胺	3	0.3	2				
噻菌灵			0.05	3			
噻唑锌	0.2		0.2	0.5			
三环唑	2		2				
三乙膦酸铝			30	1			
三唑醇	0.05		0.7	0.2			10
三唑酮	0.2	0.05	0.05	0.05			10
双炔酰菌胺			0.01	0.2			5

（续表）

农药	在各类农产品中残留检测限值						
	粮谷	油料	蔬菜	水果	茶叶	坚果	干制水果
霜霉威	0.1		0.2	2			
霜脲氰			0.2	0.1			
威百亩			0.05				
萎锈灵	0.05	0.2	0.2				
肟菌酯	0.02	0.02	0.05	0.1		0.02	5
戊唑醇	0.05	0.05	0.05	0.05		0.05	3
烯肟菌胺	0.1		1*				
烯酰吗啉			0.05	0.01			5
异菌脲	0.1	2	0.2	5		0.2	
抑霉唑	0.01			0.52			

（三）除草剂

绿色食品除草剂残留检测限值详见表5-8。

表 5-8　绿色食品除草剂残留检测限值

（单位：毫克 / 千克）

农药	在各类农产品中残留检测限值						
	粮谷	油料	蔬菜	水果	茶叶	坚果	干制水果
2 甲 4 氯	0.01	0.01		0.05			
氨氯吡啶酸	0.2	0.1					
苄嘧磺隆	0.02			0.02			

（续表）

农药	在各类农产品中残留检测限值						
	粮谷	油料	蔬菜	水果	茶叶	坚果	干制水果
丙草胺	0.05						
丙炔噁草酮	0.02		0.02				
丙炔氟草胺		0.02		0.05			
草铵膦	0.05	0.05	0.05	0.05	0.5	0.1	0.3
二甲戊灵	0.2	0.1	0.1				
二氯吡啶酸	1	2	2				
氟唑磺隆	0.05						
禾草灵	0.1						
环嗪酮							
磺草酮	0.05						
甲草胺	0.05	0.02	0.05				
精吡氟禾草灵		0.1					
精喹禾灵	0.1	0.05	0.05	0.2			
精异丙甲草胺	0.05	0.1	0.05	0.05			
绿麦隆	0.1	0.1					
氯氟吡氧乙酸（异辛酸）	0.2						
氯氟吡氧乙酸异辛酯	0.2						
麦草畏	0.5	0.04	0.02				

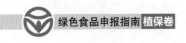

（续表）

农药	在各类农产品中残留检测限值						
	粮谷	油料	蔬菜	水果	茶叶	坚果	干制水果
咪唑喹啉酸		0.05					
灭草松	0.01	0.05	0.01				
氰氟草酯	0.1						
炔草酯	0.1						
乳氟禾草灵		0.05					
噻吩磺隆	0.05	0.05					
双草醚	0.1						
双氟磺草胺	0.01						
甜菜安							
甜菜宁							
五氟磺草胺	0.02						
烯草酮	2	0.1	0.5				
烯禾啶		0.5					
酰嘧磺隆	0.01						
硝磺草酮	0.01	0.01	0.01	0.01			
乙氧氟草醚	0.05	0.05	0.05	0.05			
异丙隆	0.05						
唑草酮	0.1						

（四）生长调节剂

绿色食品生长调节剂残留检测限值详见表5-9。

表 5-9　绿色食品生长调节剂残留检测限值

（单位：毫克/千克）

农药	在各类农产品中残留检测限值						
	粮谷	油料	蔬菜	水果	茶叶	坚果	干制水果
1-甲基环丙烯							
2,4-滴 （防落素、坐果灵）	0.01	0.01		0.1		0.2	
矮壮素	2	0.1	1				
氯吡脲			0.1	0.05			
萘乙酸	0.05	0.05	0.05	0.05			
烯效唑	0.05	0.05					

第六章

化学农药减量化物质和技术

一、植物源农药替代化学农药

植物源农药是指有效成分来源于植物体的农药。植物源农药在农作物病虫害防治中具有对环境友好、毒性普遍较低、不易产生抗药性等优点。

苦参碱类：单剂有0.2%、0.26%、0.3%、0.36%、0.5%水剂，0.3%水乳剂，0.36%、0.38%、1%可溶性液剂，0.3%乳油，0.38%、1.1%粉剂。

混配制剂有1%苦参碱·印楝素乳油，0.2%苦参碱水剂+1.8%鱼藤酮乳油桶混剂，0.5%、0.6%、1.1%、1.2%苦参碱·烟碱水剂，0.6%苦参碱·小檗碱水剂。可分别用于防治菜地小地老虎，十字花科蔬菜菜青虫、小菜蛾、蚜虫，韭菜韭蛆，黄瓜红蜘蛛、蚜虫，茶树茶毛虫、茶尺蠖，烟青虫，小麦与谷子黏虫，棉花红蜘蛛，梨树黑星病，苹果树红蜘蛛、绣线菊蚜、轮纹病等。

氧化苦参碱：单剂是0.1%水剂；混配制剂有0.5%、0.6%氧化苦参碱·补骨内酯水剂。可分别用于防治十字花科蔬菜菜青虫、蚜虫。

楝素：制剂为0.5%乳油，可用于防治十字花科蔬菜蚜虫。

印楝素：制剂为0.3%、0.5%乳油，可用于防治十字花科蔬菜小菜蛾。

除虫菊素：制剂为5%、6%乳油，可用于防治蔬菜蚜虫。

鱼藤酮：单剂有2.5%、4%、7.5%乳油；混配制剂有5%除虫菊素·鱼藤酮乳油。可分别用于防治菜青虫、蚜虫、小菜蛾、斜纹夜蛾、柑橘树矢尖蚧、棉铃虫。

苦皮藤素：制剂为1%乳油，可用于防治蔬菜菜青虫。

蛇床子素：制剂为0.4%乳油，可用于防治蔬菜菜青虫和茶树茶尺蠖。

藜芦碱：制剂为0.5%可溶性液剂，可用于防治棉铃虫、棉蚜和菜青虫。

丁子香酚：单剂为0.3%可溶性液剂，混配制剂为2.1%丁子香酚·香芹酚水剂，可用于防治番茄灰霉病。

黄芩甙+黄酮：制剂为0.28%水剂，可用于防治苹果树腐烂病。

香芹酚：制剂为5%丙烯酸·香芹酚水剂，可用于防治黄瓜灰霉病和水稻稻瘟病。

二、化学农药混配技术

在病虫害防治中，为增加防效达到兼治的效果，农药的混用得到推广和应用。农药的合理混用，可以提高防治效果，延缓病虫产生抗药性，提高防治效果，减少用药量。防治不同病虫的农药混用还可以减少施药次数，从而降低劳动成本。

（一）农药混用原则

1.不同毒杀机制的农药混用

作用机制不同的农药混用，可以提高防治效果，延缓病虫产生抗药性。

2. 不同毒杀作用的农药混用

杀虫剂有触杀、胃毒、熏蒸、内吸等作用方式，杀菌剂有保护、治疗、内吸等作用方式，如果将这些具有不同防治作用的药剂混用，可以互相补充，会产生很好的防治效果。

3. 作用于不同虫态的杀虫剂混用

作用于不同虫态的杀虫剂混用可以杀灭田间的各种虫态的害虫，从而提高防治效果。

4. 具有不同时效的农药混用

农药有的种类防治效果好，但持效期短；有的种类防效虽差，但作用时间长。这样的农药混用，不但施药后防效好，而且还可起到长期防治的作用。

5. 与增效剂混用

增效剂对病虫虽无直接毒杀作用，但与农药混用却能提高防治效果。

6. 作用于不同病虫害的农药混用

几种病虫害同时发生时，采用该种方法，可以减少喷药的次数，减少工作时间，从而提高功效。

（二）农药混用次序

农药混配顺序要准确，叶面肥与农药等混配的顺序通常为微肥、水溶肥、可湿性粉剂、水分散粒剂、悬浮剂、微乳剂、水乳剂、水、乳油依次加入。原则上农药混配不要超过3种。

进行二次稀释混配时，先加水后加药，建议先在喷雾器中加入大半桶水，再加入种农药后混匀。然后，将剩下的农药用一个塑料瓶先进行稀释，稀释好后倒入喷雾器中，混匀，以此类推。

无论混配什么药剂都应该注意"现配现用、不宜久放"。药液虽然在刚配时没有反应，但不代表可以随意久置，否则容易产生缓慢反应，使药效逐渐降低。

（三）农药混用案例分析

杀菌剂混配的配比和防治对象见表6-1；杀虫剂混配的配比及防治对象见表6-2。

表 6-1　杀菌剂混配配比和防治对象

组成	配比（质量比）	防治对象
代森锰锌＋多菌灵	2：1	叶枯病、菌核病等
代森锰锌＋代森锌＋代森锰＋矿物油	1：1：7：5	叶枯病、叶斑病等
代森锰锌＋精甲霜灵	4.8：1	多种作物霜霉病、疫霉病
代森锰锌＋莠锈灵	1：1	麦类黑穗病
代森锌＋代森锰锌	9：1	葡萄霜霉病、炭疽病，番茄疫病等
多菌灵＋丙环唑	3：1	多种锈病、白粉病、小麦颖枯病
多菌灵＋井冈霉素	10：1	水稻纹枯病等
精甲霜灵＋代森锰锌	1：6	霜霉病、疫病等病害
三唑酮＋精甲霜灵	2：1	黄瓜等白粉病、霜霉病

表 6-2　杀虫剂混配配比和防治对象

组成	配比（质量比）	防治对象
吡虫啉＋噻嗪酮	2：21、2：7、1：9、1：4	稻飞虱、粉虱
甲氨基阿维菌素苯甲酸盐＋高效氯氰菊酯	1：14	美洲斑潜蝇、梨木虱、小菜蛾、菜青虫

（续表）

组成	配比（质量比）	防治对象
甲氨基阿维菌素苯甲酸盐＋吡虫啉	9：20	蚜虫、小菜蛾
甲氨基阿维菌素苯甲酸盐＋氟铃脲	2：23	小菜蛾、菜青虫
甲氨基阿维菌素苯甲酸盐＋灭幼脲	1：99	甜菜夜蛾
甲氨基阿维菌素苯甲酸盐＋苏云金杆菌	0.2：1（100亿个活芽孢/克）	小菜蛾
高效氯氰菊酯＋辛硫磷	1：9	棉铃虫、菜青虫
吡虫啉＋高效氯氰菊酯	3：2	介壳虫、蚜虫、木虱
吡虫啉＋辛硫磷	1：24	蚜虫、飞虱
除虫脲＋辛硫磷	1：19	菜青虫
甲氰菊酯＋辛硫磷	1：9	菜青虫
高效氯氰菊酯＋辛硫磷	3：17	桃小食心虫
啶虫脒＋氯氰菊酯	1：9	棉蚜
甲氰菊酯＋辛硫磷	5：1	桃小食心虫、红蜘蛛
甲氰菊酯＋噻螨酮（尼索朗）	2：1	对成、幼螨和卵均有效，兼有杀虫作用

三、施药技术

（一）施药器械

农药减量化，可以通过改变施药设备而实现，如通过小雾滴完

·230·

成药物的喷洒工作，达到高效低量喷雾的目的。小雾滴的喷洒方式存在着非常大的覆盖密度，当受到风速、温度、湿度等外界因素的影响，会使得产品中残留农药。面对这种情况，可以采用多种防飘移技术，减少产品中农药的残留。例如，通过更换喷头，减少药物飘散，从而提高喷洒的覆盖率。雾滴密度受到喷雾器械、施药量、喷雾压力、雾滴粒径、作物生长时期、喷雾助剂等多重因素影响。在农作物病虫害防治过程中，为了提高农药活性成分利用率，降低对环境的影响，不可片面追求密度过高或过低，应当根据作物种类、施药时期、药械种类等综合考量。

研究结果表明，不同的施药器械的雾化程度不同，防治的效果也不同。例如，比较自走式喷杆喷雾机（华盛3WP-500自走式喷杆喷雾机）、植保无人机（1.8升和1.2升大成3WWDZ-10B植保无人机）、人工背负式喷雾器（工农-16型背负式喷雾器）对小麦赤霉病、水稻稻飞虱和穗颈瘟的防治效果，结果表明：自走式喷杆喷雾机施药对小麦赤霉病、水稻稻飞虱的防治效果最好。其中，对小麦赤霉病的病株防效、病指防效分别为65.80%和76.56%；对水稻稻飞虱施药后3天、7天的防效分别为90.33%和95.32%。1.8L大成3WWDZ-10B植保无人机对穗颈瘟的防治效果最好，病株防效、病指防效分别为79.33%和87.17%。

（二）增效剂和助剂

1. 增效剂

何玲等报道了喷雾助剂及施液量对植保无人机喷雾雾滴在水稻冠层的沉积分布，结果显示，增加施液量可显著提高雾滴沉积密度，添加喷雾助剂可以显著提高雾滴沉积量以及有效沉积率，当每公顷施药量为13.5升且添加1.0%喷雾助剂时，雾滴在水稻冠层的有效沉积率最大，为48.9%。可见，通过添加专用助剂可以增加药液

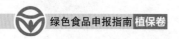

沉积密度，改善雾滴沉积，实现杀虫剂的减量使用。常见植物源增效剂的使用见表6-3。

表6-3　植物源增效剂

名称	配方	效果
丁香酚、蛇床子素复配生物杀菌剂	丁香酚与蛇床子素的质量比为8：1	防治番茄灰霉病，水稻纹枯病
	丁香酚与蛇床子素的质量比为6：1	防治油菜菌核病
白粉病的植物源杀菌剂	2% 的蛇床子素 +30% 的乙蒜素（质量比）	增效系数均大于1.5，3 次，防治效果达80% 以上
香芹酚和蛇床子素的农药组合物	香芹酚1 质量份+蛇床子素0.5 ~ 2 质量份	用量 5 克 / 亩次，稀释倍数 100 ~ 200 毫克 / 千克，白粉病防效在74% 以上
蛇床子素复配物	94.7% 蛇床子素 1 质量份 +86% 井冈霉素 5 质量份，750 倍液；94.7% 蛇床子素 1 质量份 +86% 井冈霉素 7 质量份，900 倍液	水稻稻曲病的防治效果达到85%
蛇床子素和多菌灵的复配组合物	蛇床子素和多菌灵两种成分的最佳质量比为 1 ：35，增效系数为3.34	苹果轮纹病的防效达85% 以上，优于50% 的多菌灵单剂
蛇床子素与宁南霉素复配杀菌剂	蛇床子素和宁南霉素，其成分中蛇床子素和宁南霉素的质量比为10 ：1，共毒系数为1.95	可防治草莓、葡萄、番茄的白粉病和水稻纹枯病

（续表）

名称	配方	效果
球孢白僵菌与蛇床子素的复配杀虫剂	球孢白僵菌与蛇床子素质量比为 9：1	粉虱的防治效果达到 98.7%；蓟马的防治效果达到 90.1%
蛇床子素、苏云金杆菌复配杀虫剂	蛇床子素与苏云金杆菌的质量比为 1：25	防治鳞翅目害虫，对小菜蛾的共毒系数为 311，对菜青虫的中毒系数为 392

2. 新型纳米助剂

在农药中键入纳米助剂后，随着农药微粒尺寸的减小，微粒数量和表面积会急剧增加，与靶标接触的面积就越广，药效发挥就越高。

无论是化学农药（噻虫嗪、辛硫磷、高效氯氰菊酯等）还是植物源农药（苦参碱、蛇床子素等）与纳米助剂按照有效成分等量混合后，对药剂的粒径都明显减小，例如，对于苦参碱而言，键入纳米助剂后（图6-1），苦参碱的粒径可以减少80倍，稳定性、水分散性、体壁穿透性都明显增加，表现在田间应用上得到证实。呼倩、杜相革（2020）将5种植物源农药（5%扑利旺、0.3%印楝素、1.5%除虫菊素、0.6%苦参碱、2.5%鱼藤酮）与纳米制剂按照1：1比例混配后，5种植物源农药的防效均提高10%~20%，其中0.6%苦参碱增效显著，施药后3天和7天防治效果为85.71%和78.05%；若将防治效果达到75%为限值，添加纳米助剂后，0.6%苦参碱的持效期由3天延长到10天，延长了农药的喷施间隔期，减少了使用量。

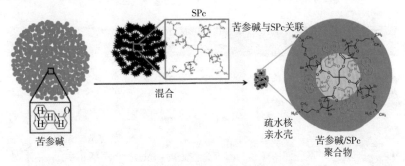

图 6-1　纳米材料助剂 SPc 作用于苦参碱

　　纳米载体结合噻虫嗪后，减小药物粒径，实现药剂团粒纳米化（图6-2）；纳米化噻虫嗪的植物内吸能力提升1.69～1.84倍，对桃蚜触杀和胃毒作用提升约20%。其粒径变化和对防效的影响见图6-3。

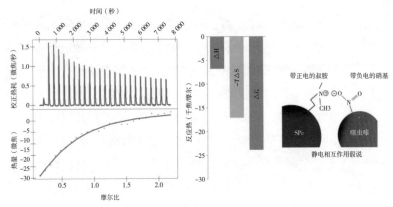

图 6-2　纳米助剂与噻虫嗪结合反应

　　利用纳米载体运载壳聚糖（图6-4），激活胞吞胞吐信号通路，放大植物抗性反应（提升抗性基因表达水平），提升马铃薯晚疫病防效，如图6-5所示。

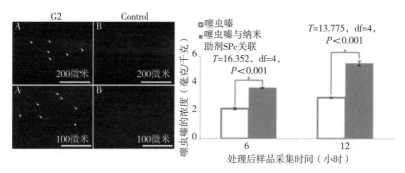

图6-3 纳米助剂与噻虫嗪粒径变化和对防效的影响

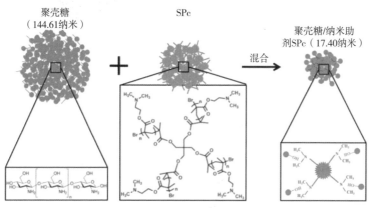

图6-4 纳米助剂协运载聚壳糖

因此,在当前减药减肥、绿色发展的大背景下,除了不断完善绿色食品农业使用准则目录中的药剂种类,还要在此基础上采取和实施减药的技术措施,包括增效剂和助剂的使用,同时也包括药械的选择,在药剂、助剂和药械配套的情况下,才使得农药的使用达到最小量,防治效果达到最优,实现绿色食品安全、优质和健康的目标,促进中国绿色农业健康可持续发展。

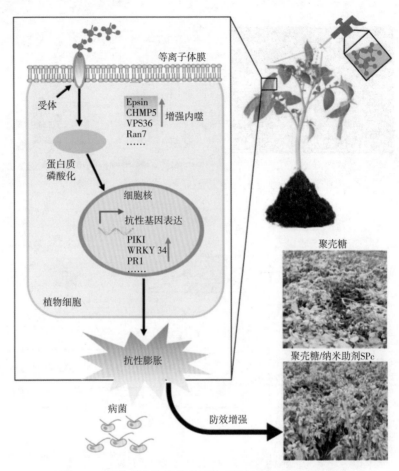

图 6-5　纳米助剂与壳聚糖结合后激活胞吞胞吐信号通路

参考文献

董玉轩，张静静，2020. 不同施药器械雾滴密度的测量及其影响因素分析[J]. 南方农业，14（20）：152-153.

杜相革，范双喜，卢志军，2017. 叶类蔬菜病虫害防治和产品安全评价[M]. 北京：中国农业大学出版社.

杜相革，石延霞，王恩东，2020. 叶类蔬菜病虫害非化学防治技术[M]. 北京：中国农业科学技术出版社.

何玲，王国宾，胡韬，等，2017. 喷雾助剂及施液量对植保无人机喷雾雾滴在水稻冠层沉积分布的影响[J]. 植物保护学报，44（6）：1 046-1 052.

呼倩，杜相革，2021. 纳米助剂对防治西花蓟马五种植物源农药的增效作用[J]. 中国生物防治学报，37（3）：459-463.

李洋，2021. 2020年农药登记及新农药品种[J]. 世界农药，43（3）：10-16.

王灿，邵姗姗，徐莉莉，2021. 2020年中国农药工业运行概况[J]. 世界农药，43（3）.

王以燕，李富根，穆兰，等，2021. 2020年我国农药标准发布概况[J]. 世界农药，43（3）：16-21.

徐德进，徐广春，徐鹿，等，2020. 喷雾参数对自走式喷杆喷雾机稻田喷雾农药利用率及雾滴沉积分布的影响[J]. 农药学学报，22（2）：324-332.

中华人民共和国国家卫生健康委员会，中华人民共和国农业农村部，国家市场监督管理总局，2019. GB 2763—2019 食品安全国家标准 食品中农药最大残留限量[S]. 北京：中国标准出版社.

中华人民共和国国家质量监督检验检疫总局，中国国家标准化管理委员会，2018. GB/T 8321—2018（所有部分） 农药合理使用准则[S]. 北京：中国标准出版社.

中华人民共和国农业农村部，2000. NY/T 393—2000 绿色食品农药使用准则[S]. 北京：中国农业出版社.

中华人民共和国农业农村部，2008. NY/T 1667—2008（所有部分） 农药登记管理术语[S]. 北京：中国农业出版社.

中华人民共和国农业农村部，2008. NY/T 761—2008 蔬菜和水果中有机磷、有机氯、拟除虫菊酯和氨基甲酸酯类农药多残留的测定[S]. 北京：中国农业出版社.

中华人民共和国农业农村部，2013. NY/T 391—2013 绿色食品产地环境质量[S]. 北京：中国农业出版社.

中华人民共和国农业农村部，2020. NY/T 393—2020 绿色食品农药使用准则[S]. 北京：中国农业出版社.

中华人民共和国农业农村部2012. NY/T 393—2012 绿色食品 农药使用准则[S]. 北京：中国农业出版社.